杨树人工林
土壤碳动态及固碳潜力

闫美芳 著

化学工业出版社

·北京·

内容提要

本书以杨树人工林为研究对象，围绕人工林碳循环的关键环节，基于多年野外实地观测，揭示了杨树人工林土壤碳排放的时空变异规律，评估了树龄、树种及灌溉等管理措施对土壤碳排放的影响，并在估测净初级生产力和异养呼吸的基础上，估算了杨树人工林的净生态系统生产力。通过碳循环过程与人工林管理措施的耦合，揭示了人工林生态系统的主要固碳机理及其对人为因素的响应机制。

本书可供环境科学、生态学和土壤学的研究人员、相关专业师生及环保和林业技术人员参考，也可作为大学生及科技人员普及绿色低碳理念的参考书籍。

图书在版编目（CIP）数据

杨树人工林土壤碳动态及固碳潜力 / 闫美芳著. —
北京：化学工业出版社，2020.10
ISBN 978-7-122-37433-2

Ⅰ．①杨…　Ⅱ．①闫…　Ⅲ．①杨树-人工林-碳-储量-研究-中国　Ⅳ．①S792.11

中国版本图书馆 CIP 数据核字（2020）第 133239 号

责任编辑：李晓红　　　　　　　　　　　装帧设计：王晓宇
责任校对：王佳伟

出版发行：化学工业出版社（北京市东城区青年湖南街 13 号　邮政编码 100011）
印　　装：北京虎彩文化传播有限公司
710mm×1000mm　1/16　印张 10½　字数 182 千字　2020 年 10 月北京第 1 版第 1 次印刷

购书咨询：010-64518888　　　　　　　　售后服务：010-64518899
网　　址：http://www.cip.com.cn

凡购买本书，如有缺损质量问题，本社销售中心负责调换。

定　价：68.00 元　　　　　　　　　　　　　　版权所有　违者必究

前言

工业革命以来，由于化石燃料使用、土地利用方式改变、森林退化等人类活动的影响，CO_2 等温室气体排放量不断增加，导致全球变暖等一系列全球性生态环境问题，严重威胁人类的生存和发展。随着经济高速发展和城镇化进程的推进，我国能源消耗和温室气体排放量的增加趋势将难以改变，势必面临温室气体减排或限排的巨大压力。因此，如何促进陆地生态系统碳的固定及其稳定，减少 CO_2 排放，已成为减缓气候变化的一个重要课题。森林生态系统的碳循环过程是影响全球气候系统的重要因素之一，其碳收支及碳循环机制一直是全球气候变化成因分析、减缓和适应气候变化领域的研究热点。

在当前全球变暖的大背景下，森林"碳汇"的增长或消减成为最受全球关注的环境问题之一。植树造林，作为一种能有效地增加陆地碳汇、减缓温室效应的土地利用方式，已被国际社会广泛认可及倡导。人工林生态系统作为人为控制下的主要固碳措施之一，对全球碳循环和减缓气候变化具有深远影响。因此，开展人工林生态系统碳储量和碳收支的估算，对构建区域尺度碳收支动态监测体系，定量评价我国森林生态系统的固碳增汇潜力具有重要意义。

人工林的经营与管理是实现和促进其"碳汇"功能的重要手段。作为人工生态系统类型，人工林的树种选择、营造方式、抚育措施等都可能直接或间接地影响人工林生态系统的结构与功能。人工林经营措施可通过改变林地的水热因子、养分因子和土壤结构，从而影响林地生产力、土壤有机碳和土壤呼吸等碳循环过程，是调控生态系统碳收支的更重要因素。因此，加强人工林生态系统管理是减排增汇的重要途径。

本书围绕建设生态文明，增强森林固碳功能和应对气候变化这一主题，以我国典型人工林——杨树人工林为研究对象，围绕温带人工林碳循环的关键环节，基于多年野外实地观测，分析了杨树人工林土壤碳排放的时空变异性，并在实地观测异养呼吸作用的基础上，估算了杨树人工林的净生态系统生产力。通过分析不同营林措施下的土壤碳动态，揭示了人工林生态系统碳循环关键过程的影响因素及其对人为管理的响应机制。

全书共 7 章。第 1 章阐述了人工林生态系统碳汇在全球碳循环和减缓气候变化中的重要地位；第 2 章分析了人工林生态系统土壤碳循环研究的最新进展，着重分析了主要营林措施对碳循环过程的影响；第 3 章分析了树龄、品种、灌溉及松土对杨树人工林土壤碳排放的影响，明确了土壤碳排放的时空变异性及主要影响因子；第 4 章分析了造林等不同土地利用类型对土壤碳循环的影响，分析了人工林、草地及农田土壤碳排放的差异及主要影响因子；第 5 章分析了杨树人工林根系呼吸动态及细根的生长周转；第 6 章分析了杨树人工林生态系统碳储量及其分配格局；第 7 章在估算净初级生产力和异养呼吸碳排放的基础上，估算了杨树人工林净生态系统生产力。

本书的研究内容，得到了中国科学院植被与环境变化国家重点实验室及北京师范大学地表过程与资源生态国家重点实验室的大力支持；在野外观测中，得到北京师范大学同仁及新疆伊犁州林业局的大力协助；在稿件撰写过程中，引用了相关学者专家的研究成果，在此一并表示谢忱！

本书的出版得到山西省重点研发计划项目（社会发展，201903D321070）资助，特此致谢！

本书可供环境科学、生态学和土壤学的研究人员、相关专业师生及环保和林业技术人员参考，也可作为大学生及科技人员普及绿色低碳理念的参考书籍。

闫美芳

2020 年 7 月

目录

第1章　绪论 / 001

1.1　研究背景 / 001

　　1.1.1　全球气候变暖及其原因 / 001

　　1.1.2　森林生态系统碳循环与大气 CO_2 浓度 / 002

　　1.1.3　适应和减缓气候变化的"森林方案" / 004

1.2　人工林生态系统的固碳功能 / 005

　　1.2.1　人工林对减缓全球变化的贡献 / 005

　　1.2.2　人工林生态系统的碳库构成 / 006

　　1.2.3　管理措施对人工林碳库的影响 / 009

　　1.2.4　人工林的净生态系统生产力 / 011

　　1.2.5　杨树人工林现状及其固碳效率 / 013

1.3　人工林固碳的研究意义 / 015

第2章　影响人工林土壤碳循环的主要因子 / 017

2.1　管理措施对人工林土壤有机碳库的影响 / 017

　　2.1.1　造林树种 / 018

　　2.1.2　林龄或轮伐期 / 019

　　2.1.3　灌溉 / 020

　　2.1.4　采伐 / 020

　　2.1.5　施肥 / 021

2.2　土地利用方式转变对土壤有机碳库的影响 / 022

2.3　人工林细根生长与周转 / 025

　　2.3.1　细根生物量 / 026

　　2.3.2　细根垂直分布 / 027

　　2.3.3　细根生产与周转 / 027

　　2.3.4　细根生长的主要影响因子 / 028

2.4 土壤碳循环测定方法研究 / 029

2.4.1 人工林土壤有机碳库的测定 / 029

2.4.2 人工林土壤碳排放的测定 / 030

第3章 杨树人工林的土壤碳循环 / 033

3.1 研究区概况与研究方法 / 034

3.1.1 新疆伊犁——杨树人工林培育的沃土 / 034

3.1.2 样地设置与实验设计 / 035

3.1.3 土壤呼吸测定 / 036

3.1.4 样品采集测定 / 036

3.1.5 数据分析 / 037

3.2 土壤呼吸的时间变化规律 / 037

3.2.1 不同树龄人工林土壤呼吸的季节变化 / 037

3.2.2 土壤呼吸速率的日变化 / 040

3.3 树龄对人工林土壤呼吸的影响 / 042

3.3.1 不同树龄人工林土壤性质及根系的差异 / 042

3.3.2 树龄对人工林土壤呼吸的影响机制 / 043

3.4 杨树品种对人工林土壤呼吸的影响 / 044

3.4.1 不同品种人工林土壤呼吸的时间动态 / 044

3.4.2 不同品种人工林土壤环境因子的差异 / 045

3.4.3 杨树品种对土壤呼吸的影响机制 / 046

3.5 松土对人工林土壤呼吸的影响 / 048

3.5.1 松土前后土壤呼吸比较 / 048

3.5.2 松土促进土壤碳排放 / 049

3.6 土壤水分对土壤呼吸的影响 / 049

3.6.1 不同土壤含水量下的土壤呼吸作用 / 050

3.6.2 品种与土壤水分对土壤呼吸的交互作用 / 051

3.6.3 不同土壤含水量下的土壤呼吸模拟 / 053

3.6.4 土壤含水量对土壤呼吸的影响机制 / 055

3.7 土壤呼吸的空间异质性 / 056

3.7.1 土壤呼吸的空间变异性 / 057

3.7.2 土壤呼吸速率与观测位置 / 058

3.7.3 细根与土壤因子的空间变异 / 060

3.7.4 土壤呼吸的空间变异分析 / 060

3.7.5 观测位置与土壤呼吸空间变异 / 062

第4章 土地利用类型对土壤碳循环的影响 / 065

4.1 研究地概况 / 066

4.1.1 伊犁河谷研究地概况 / 066

4.1.2 太原地区研究地概况 / 067

4.1.3 实验设计及样品采集 / 068

4.1.4 数据分析 / 068

4.2 土地利用类型对土壤呼吸的影响 / 069

4.2.1 人工林地与草地的土壤呼吸日变化 / 069

4.2.2 人工林地与草地的土壤呼吸季节动态 / 071

4.2.3 不同土地利用方式下的土壤碳排放量估算 / 071

4.2.4 土地利用方式对土壤呼吸的影响 / 073

4.2.5 土壤呼吸的温度敏感性分析 / 075

4.3 不同土地利用方式下的土壤碳密度 / 077

4.3.1 人工林地与农田的土壤碳密度比较 / 078

4.3.2 人工林地与草地的土壤碳密度比较 / 079

4.3.3 农田造林可增加土壤碳储量 / 080

4.3.4 细根是林地土壤碳库的重要来源 / 082

4.3.5 土地利用方式对土壤碳储量的影响机制 / 083

第5章 杨树人工林根系动态与碳循环 / 085

5.1 实验设计与样品采集 / 086

5.1.1 根系呼吸与异养呼吸的区分 / 086

5.1.2 细根研究方法 / 086

5.1.3 数据处理 / 087

5.2 人工林根系呼吸动态 / 088

5.2.1　根系呼吸的季节变化 / 088

5.2.2　根系呼吸对土壤呼吸的贡献 / 089

5.2.3　土壤环境因子及细根动态 / 090

5.2.4　根系呼吸与树龄的关系 / 091

5.2.5　根系呼吸主要影响因子分析 / 092

5.3　杨树人工林细根动态 / 093

5.3.1　杨树人工林细根生物量动态 / 094

5.3.2　细根生产、周转和碳储量 / 100

5.4　灌溉对细根生长的影响 / 102

5.4.1　灌溉前后细根生物量的变化 / 102

5.4.2　灌溉对细根生长的影响机制 / 102

第6章　杨树人工林生态系统碳分配 / 104

6.1　研究方法 / 105

6.1.1　人工林生物量和凋落物碳库估算 / 105

6.1.2　人工林土壤有机碳库估算 / 106

6.1.3　人工林固碳速率估算 / 106

6.2　杨树人工林的含碳率 / 106

6.2.1　杨树人工林各组分的含碳率 / 106

6.2.2　杨树人工林含碳率的变化规律 / 108

6.3　杨树人工林的碳密度 / 108

6.3.1　杨树人工林各组分的碳密度 / 108

6.3.2　树龄对人工林碳密度的影响 / 109

6.3.3　人工林类型对碳密度的影响 / 111

6.4　杨树人工林的碳分配 / 112

6.4.1　杨树人工林生态系统的碳分配格局 / 112

6.4.2　树龄对碳分配的影响机制 / 112

6.5　杨树人工林的固碳速率 / 114

6.5.1　杨树人工林生态系统的固碳速率 / 114

6.5.2　人工林固碳速率的影响因素 / 114

第7章 杨树人工林净生态系统生产力 / 116

7.1 研究方法 / 118
7.1.1 异养呼吸碳排放的估算 / 118
7.1.2 净生态系统生产力估算 / 119

7.2 人工林异养呼吸动态 / 120
7.2.1 不同树龄人工林异养呼吸动态 / 120
7.2.2 不同品种人工林异养呼吸动态 / 122
7.2.3 异养呼吸影响因子分析 / 124

7.3 不同树龄杨树人工林净生态系统生产力 / 125
7.3.1 不同树龄人工林净初级生产力估算 / 125
7.3.2 不同树龄杨树人工林净生态系统生产力 / 126
7.3.3 树龄对人工林净生态系统生产力的影响 / 126

7.4 不同品种杨树人工林净生态系统生产力 / 127
7.4.1 不同品种人工林生态系统碳分配 / 127
7.4.2 不同品种人工林净初级生产力估算 / 128
7.4.3 不同品种杨树人工林净生态系统生产力 / 129
7.4.4 品种选择对杨树人工林固碳的影响 / 130

7.5 主要人工林类型净生态系统生产力的比较 / 131

参考文献 / 135

第 **1** 章

绪 论

1.1 研究背景

1.1.1 全球气候变暖及其原因

20 世纪以来，在全球变暖和其它相关因素的共同作用下，地球环境急剧恶化，对人类的生存和发展构成严重威胁（IPCC，2013；翟盘茂等，2017）。《中国气候变化蓝皮书（2019）》指出，2018 年全球平均温度比 1981—2010 年的平均值高 0.38℃，较工业化前水平高约 1℃；2014—2018 年是有完整气象记录以来最暖的五个年份。《2018 年中国气候公报》显示，2018 年我国平均气温较常年偏高 0.5℃；1951—2018 年，我国年平均气温每 10 年升高 0.2℃，升温率明显高于全球同期平均水平。气候变暖是不争的事实，如何减缓和适应气候变化是人类面临的一个重大挑战。

大气中温室气体浓度增加及其引发的地-气辐射平衡改变，是导致全球气候变暖的主要原因（IPCC，2013）。联合国世界气象组织（WMO）发布的《2017 年 WMO 温室气体公报》指出，全球大气主要温室气体浓度持续突破历史记录，其中大气 CO_2 浓度已达 4.06%。充分的证据表明，在当前气候变化减缓政策和相关可持续发展措施下，未来几十年全球温室气体排放将持续增加，并引发 21 世纪全球气候系统的诸多深刻变化。

自工业革命以来，由于化石燃料燃烧、土地利用方式改变以及工业生产等人类活动，使原本封存于岩石圈和陆地生态系统中的有机和无机碳（carbon，C）被氧化活化，重新参与到地球系统的碳循环之中，导致大气 CO_2 等温室气体浓度不断升高，大气层的温室效应不断增强（于贵瑞等，2011；Fang 等，2018；IPCC，2013）。《2017 全球碳预算报告》指出，2016 年全球化石燃料燃烧及

工业排放 CO_2 总量约为 36.2 Pg 碳（1 Pg = 10^{15} g = 10^3 Tg = 10^9 t），2017 年排放量大约比 2016 年增加 2%，达 36.8 Pg 碳左右。工业革命以来，土地利用方式转变已经成为影响全球生态系统格局、结构和过程变化的主要驱动力（Houghton & Nassikas，2017）。据估算，工业革命以来，土地利用变化引起的 CO_2 排放量相当于人类活动总排放量的 12.5%，土地利用变化已经成为引起温室气体排放增加的主要原因之一（Houghton & Nassikas，2017）。所以，降低大气温室气体浓度是全球应对气候变化的首要任务和共同挑战。

近几十年来，随着森林破坏、退化加剧及人类干扰的影响，全球森林已由文明初期的 76 亿 hm^2[❶]减少到目前的 40 亿 hm^2（FAO，2015）。大规模破坏森林资源不仅严重损害了森林生态系统的固碳功能，也使其成为大气 CO_2 的主要排放源之一。FAO（2015）指出，在过去的 25 年里，全球森林生物碳储量减少了近 110 亿吨，每年大约减少 4.42 亿吨碳，相当于 16 亿吨的 CO_2 排放量。森林砍伐、将林地转变为农田或工业用地等土地利用类型转变是全球森林资源面临的最大威胁。据 Dixon 等（1994）估算，在低纬度地区，森林砍伐导致每年向大气释放约 1.6 Pg 碳。森林破坏已成为继化石燃料之后大气 CO_2 浓度增加的第二大人为因素（Houghton & Nassikas，2017）。所以，增加全球森林生态系统碳储量是全球应对气候变化的关键举措。

1.1.2 森林生态系统碳循环与大气 CO_2 浓度

"森林碳汇"，作为全球最重要的陆地生态系统碳汇，成为《联合国气候变化框架公约》抵减工业温室气体排放的重要途径，也是《巴黎协定》增温控制在 2℃ 以内目标的重要应对措施（IPCC，2013；翟盘茂等，2017）。森林碳循环过程与气候系统变化密切相关。森林生态系统的碳储量变化及其机制成为气候变化预测和全球变化研究的科学基础，受到国际社会的广泛关注（方精云和陈安平，2001；于贵瑞等，2011；Pan 等，2011；Fang 等，2018）。所以，森林碳循环不仅是全球生态学的核心研究内容之一，也是国际社会普遍关注的焦点环境问题之一。

森林是大气 CO_2 浓度的重要调节器。森林生态系统具有最丰富的物种组成和最复杂的层次结构，在全球碳循环体系中，森林是一个巨大的碳汇，约储存了陆地生态系统 76%～98%的有机碳（Dixon 等，1994）。森林生态系统的碳循环可形象地比喻成一个"生物泵"的作用。首先植物通过光合作用同化吸收

---

❶ 1 hm^2=10000 m^2，全书同。

CO_2 形成总初级生产力（gross primary productivity，GPP），成为生态系统食物链中能量的来源；同时，由于植物自身呼吸消耗部分有机物并释放 CO_2，剩余的有机物即为生态系统净初级生产力（net primary productivity，NPP）；NPP 的积累形成陆地植被生物量碳库，其中凋落生物量在土壤异养微生物的作用下分解释放 CO_2，剩余的有机物形成生态系统净生产力（Net ecosystem productivity，NEP）。森林不但能储存大量的碳，且与大气间的碳交换十分活跃。陆地植被平均每七年就可消耗掉大气中全部的 CO_2，其中 70% 的交换发生在森林生态系统（Houghton，2020）。因此，森林生态系统在调节大气 CO_2 浓度方面发挥着主体作用。

植物光合作用碳同化量和呼吸作用（包括植被呼吸和土壤呼吸）碳释放量之间的平衡决定了森林生态系统净生产力（NEP）的大小，即生态系统的固碳能力（Woodwell 等，1978；Houghton，2020）。森林生态系统是一个动态碳库，只有当 NEP＞0 时，该系统才表现为"碳汇"；反之则为"碳源"。在较小的时间尺度上，由于人类活动干扰和气候波动、养分限制等自然干扰的影响，特定区域的森林生态系统会出现"碳源"与"碳汇"之间的转换（Houghton，1996）。因此，森林面积的微小变化都可能引起陆地生态系统碳循环过程的极大改变（陈广生等，2007；House 等，2002）。在《巴黎协定》增温控制在 2℃ 以内目标影响下，森林的增长或消减成为全球关注的关键环境问题之一。

全球森林生态系统的碳储量约为 1.15 万亿吨（Dixon 等，1994）。森林不仅以生物量形式（如树干、树枝、树叶、根等）储存碳，而且土壤也是主要的碳储库。全球范围内，森林生态系统土壤碳储量与植被碳储量之比约为 3:1，该比率从热带森林的 1:1 增加到北方针叶林的 5:1。全球森林的土壤碳储量约占陆地生态系统土壤碳储量的 73%（Dixon 等，1994）。土壤有机碳不仅为植被生长提供碳源，维持良好土壤结构，同时也是大气温室气体的主要源或汇之一。由于土壤碳库储量巨大，其较小的变幅即能导致大气 CO_2 浓度的较大波动（Raich 等，1992）。所以，森林碳库是全球碳循环的重要组成部分，对全球碳平衡起主导作用（Lal，2005）。研究森林碳循环机制及对全球变化的响应，是预测大气 CO_2 含量及全球变化的重要基础。

目前，国内外学者已经估算了各碳库（大气、土壤、植被）碳储量及其碳通量的大小（Fang 等，2018；Houghton，2020；Pan 等，2011），但由于各碳库之间的正负反馈过程十分复杂，森林生态系统种类繁多，对陆地生态系统碳循环过程研究还存在许多不确定性（于贵瑞等，2011；Fang 等，2018），还有待于准确评估各类森林生态系统的碳库储量及其变化过程、碳源或碳汇的强度及其时空变化规律以及生态系统管理对碳循环过程的影响等。在全球变暖的趋势下，气候变化也将在一定程度上影响森林生态系统的生产力、固碳速率及物种组成等生态功能（王叶等，2006），而这些变化将改变生态系统的碳循环模式，从而对大气 CO_2 浓度产生一定的调节反馈作用。所以，全球变化下的森林生态系统碳循环研究具有重要意义。

1.1.3 适应和减缓气候变化的"森林方案"

为了应对全球气候变暖的严峻挑战，国际社会在共同的利益和责任前提下，积极采取措施减缓温室气体排放。《波恩协议》和《马拉喀什协定》将造林、再造林等林业活动纳入《京都议定书》确立的"清洁发展机制"，允许发达国家通过造林、再造林抵消工业活动的碳排放，意味着发达国家可以在发展中国家实施"林业碳汇"项目（张小全等，2005）。2007 年 12 月，在《联合国气候变化框架公约》第 13 次缔约方大会上，森林减排被列为"巴厘岛路线图"的重要内容。预计通过植树造林、加强抚育、减少毁林、控制森林退化等途径，承担 20%~40%的减排指标。2015 年 12 月，《巴黎协定》明确了森林保护和植树造林等对温室气体吸收的重要性，重视发展中国家养护、可持续管理森林和增强森林碳储量的作用，可持续森林管理成为减缓和适应气候变化的主要措施之一（Hawes，2018；Hu 等，2016）。森林生态系统碳储量成为适应全球变化和"减排增汇"机制研究的重要内容。此外，森林碳汇与其它减排措施相比，具有潜力大、易操作、成本低、对经济增长影响小等独特优越性，因此，森林碳汇是国家气候变化应对措施的优先选择。

我国处于生存环境脆弱多变的东亚地区，是全球气候变化最显著的国家之一。同时，作为经济快速增长的人口大国，温室气体排放总量和增长速度均位于全球前列（Li 等，2016）。在温室气体减排的国际谈判中，面临的压力与日俱增。2007 年 6 月，我国政府发布了《中国应对气候变化国家方案》，其目的就是通过提高森林覆盖率，增加林业碳汇，为减缓全球气候变化作出积极贡献。在第 15 次 APEC 会议上，从维护全球生态安全的战略高度，我国提出了建立"亚太森林恢复与可持续管理网络"的重要倡议，被称为应对气候变化的"森林方案"。

"森林方案"提出，到 2020 年，我国森林覆盖率要达到 23%。根据我国第八次森林资源清查资料，全国森林面积达 2.08 亿 hm^2，森林覆盖率 21.63%，已完成目标任务的 94%。李奇等（2018）研究表明，我国乔木林的碳储量（以碳计，下同）为 6.14 Pg，碳密度可达 37.28 t/hm^2；天然乔木林和人工乔木林的碳储量分别为 5.25 Pg 和 0.89 Pg，分别占总量的 85.5%和 14.5%。刘迎春等

（2019）估算认为，我国森林在吸收固定 CO_2 方面潜力巨大，将在应对和减缓全球气候变化中发挥重要作用。

森林在减缓全球气候变化中的重要作用已形成全球共识，森林固碳逐渐成为国际社会应对气候变化的主要措施（Canadell & Schulze，2014）。通过《联合国气候变化框架公约》的一系列相关谈判，最终通过实施造林、再造林"碳汇"项目实现温室气体减排，这充分表明这样一个事实：造林就是固碳，绿化等于减排。

1.2 人工林生态系统的固碳功能

1.2.1 人工林对减缓全球变化的贡献

人工林（forest plantation）是人工营建的结构简单而集约经营的森林生态系统。联合国粮农组织（FAO）公布的《2015 年世界森林资源评估报告》指出，2015 年世界森林总面积约为 40 亿 hm^2，其中人工林为 2.91 亿 hm^2，约占 7.3%。自 1990 年以来，人工林面积增加了逾 1.05 亿 hm^2。我国第八次森林资源清查表明，全国人工林面积从原来的 6169 万 hm^2 增加到 6933 万 hm^2，增加了 764 万 hm^2；人工林蓄积量从原来的 19.61 亿 m^3 增加到 24.83 亿 m^3，增加了 5.22 亿 m^3。人工林面积继续居世界首位。

21 世纪以来，气候变化及气候极端事件不断加剧，在此背景下，造林/再造林和森林可持续经营成为全球变化公约框架下固碳减排、应对气候变化的主要举措（刘世荣等，2018；刘迎春等，2019）。造林能够改变土地利用和土地覆盖方式，在短期内增加对大气 CO_2 的吸收，是减缓全球变化的一项积极有效措施。Lal（2005）将人工林的"碳汇"功能称为一种"双赢策略"。Dixion 等（1994）指出大部分潜在的全球气候变暖可以通过营造人工林来避免。为此，国际上提出了"碳人工林"（carbon plantation）的概念（Onigkeit 等，2000），一种以同时追求木材收益和固碳效益为目标的新型人工林经营模式（刘世荣等，2018），推动了人工林经营发展战略的重大变革。

造林对陆地"碳汇"的形成起重要作用。Houghtont（2017）的研究表明，陆地生态系统在从源到汇的角色转变中，弃耕农田上的森林再生是主要原因。Cooper（1983）的研究也表明，农地转换为人工林，可以使生态系统由"碳源"转变为"碳汇"。据估算，北美地区的森林一年可吸收 1.7×10^9 t 碳，主要归功于在弃耕农田和采伐迹地上的森林再生（Fan 等，1998）。中高纬度地区由于森林的恢复和再生年固碳约 0.7 Pg，被认为是陆地生态系统"碳汇"的主要贡献者（Dixon 等，1994；Fan 等，1998；Houghton，2017）。因此，作为一种人为控制下的陆地碳增汇措施，如何提升人工林生态系统的碳储量及固碳潜力是人工林可持续发展的重大战略。在当前全球变暖的大背景下，人工林"碳汇"的增长或消减成为最受全球关注的环境问题之一。

国内外学者对森林的碳吸收进行了精确估算（Canadell & Schulze，2014；Fang 等，2018；Houghton，2020；Pan 等，2011）。我国的研究结果表明，中国森林表现为大气 CO_2 的净吸收系统（Fang 等，2001；李克让等，2003；Hu 等，2016）。方精云等（2001）的研究表明，在 20 世纪末的 20 年里，中国的森林植被共吸收 4.5 亿吨碳，主要得益于我国早期的植树造林运动，这对改善全球气候环境作出了巨大贡献。采用生物量转换因子法估算表明，1977—2008 年间，中国森林生物量碳库储量累计增加 1.71 Pg 碳，年均生物量"碳汇"为 63.3 Tg 碳。方精云等（2015）的研究表明，2000—2010 年间，中国六大生态工程的生态系统碳储量增加了 1.48 Pg 碳，年均"碳汇"强度为 127.8 Tg 碳。六大生态工程形成的"碳汇"量约占我国陆地生态系统"碳汇"的 50%，其中长江珠江防护林工程和退耕还林工程的年均固碳速率超过了 1 t/(hm^2·a)（Lu 等，2018）。随着我国大面积人工林尤其是幼龄林的逐步成熟，我国森林将具有巨大的固碳潜力（方精云等，2015）。模型预测结果表明，中国森林生物量碳库（碳含量）将由 2008 年的 6.43 Pg 增至 2050 年的 9.97 Pg，新增生物量"碳汇"可达 3.55 Pg（Hu 等，2016）。所以，人工林碳库是森林生态系统碳库的重要组成部分，已成为国际社会缓解气候变化的主要应对措施之一。

1.2.2　人工林生态系统的碳库构成

人工林作为森林资源的重要组成部分，与天然林一样具有吸收固定大气 CO_2 的功能，在维护全球碳平衡和缓解全球气候变化等方面的作用日益重要（冯瑞芳等，2006；刘世荣等，2018；张小全等，2005；Hawes，2018）。作为一种人为调控的生态系统类型，可通过增加造林面积提高人工林生态系统的碳储量，也可通过适宜措施提升植被和土壤的碳储量及固碳速率（Canadell & Schulze，2014；Jandl 等，2007；Waterworth 等，2008）。在新的历史阶段，创建高生产力和高碳汇的人工林生态系统，发挥固碳减排、保护生物多样性等多种生态功能，是我国林业实现可持续发展和经营的重大战略转变。随着全球人工林面积和蓄积量的持续增加，人工林将在全球碳循环中占据越来越重要的位置。

（1）人工林生物量碳库

造林是中高纬度地区"碳汇"形成的主要原因，其对陆地碳汇最显著的影响是植被生物量碳的累积。Laclau（2003）在南美的研究表明，牧草地转化为松树人工林 14 年后，生物量碳库明显增加（52.3 t/hm²），生物量碳储量可达牧草地的 20 倍。李家永等（2001）通过千烟洲不同土地利用碳储量的比较，发现荒草地转变为湿地松、杉木等速生人工林后，人工林生物量碳储量比草地高出数十倍。张春华等（2018）的研究表明，2009—2013 年，山东省森林碳储量（以碳计，下同）和碳密度分别为 43.98 Tg 和 27.24 t/hm²，森林"碳汇"经济价值达 253.4 亿元，其中人工林对森林生物量"碳汇"的贡献为 97.3%。刘领等（2019）研究表明，河南省人工林碳储量由 1998 的 9.62 Tg 增加到 2013 年的 55.67 Tg，占乔木林"碳汇"增量的 77.2%，人工林碳密度由 1998 年的 17.86 t/hm² 提高到 2013 年的 32.01 t/hm²，人工林逐渐成为河南省森林"碳汇"的主体，随着人工林逐步成熟，将具有较大的"碳汇"潜力。李奇等（2018）研究表明，中国人工林幼龄林和中龄林的面积比例较大，经过合理的森林经营和管理，当其碳密度接近天然林的碳密度时，预计人工林生物量碳储量将会有很大增幅。

（2）人工林的土壤碳库

土壤生态系统不仅为整个生态系统提供必要的水分和养分，更为重要的是，地下生态系统中的根系、矿物土壤和枯枝落叶形成了一个巨大的"碳汇"（Johnson 等，2001；Oliver 等，2004；Wang & Huang，2020）。全球土壤碳库存量约为大气碳库的 2 倍和植被碳库的 4.5 倍（Lal，2005）。研究表明，全球森林生态系统碳储存（以碳计）为 1.15 万亿吨，其中约 $7.87×10^{11}$ t 储存在土壤中（Dixon 等，1994）。由于土壤碳库容量巨大，其较小的变幅即能导致大气 CO_2 浓度的较大波动。全球范围内，每年由土壤释放的碳通量（以碳计）可达 50～75 Pg（Raich & Schlesinger，1992），是化石燃料燃烧释放的 10 倍以上（Schlesinger & Andrews，2000）。除植被光合作用以外，土壤呼吸作用（Soil respiration，SR）是陆地碳收支中最大的通量。土壤呼吸可以占生态系统呼吸的 60%～90%，是陆地生态系统碳排放的主要途径（Raich & Schlesinger，1992）。人类活动干扰所导致的土壤呼吸作用增强是大气 CO_2 的一个重要来源之一。据估计，由全球森林过度采伐和土地利用方式改变引发的土壤 CO_2 释放量，可占人类活动释放 CO_2 总量的一半，是导致大气 CO_2 浓度升高的重要因素之一（Dixon 等，1994；陈广生等，2007）。加剧的温室效应与随之而来的土壤温度上升，导致土壤呼吸作用的进一步加强，这种潜在的正反馈效应已得到全球学者的广泛认同（Grace & Rayment，1999；Jenkinson 等，1991）。

土壤碳库是陆地生态系统碳蓄积的重要组成部分。土壤碳库主要包括植物枯落物、分泌物及其分解产物和土壤腐殖质等。土壤碳库有两个主要来源，一是地上部分的凋落物，另一个是细根周转。在森林生态系统中，细根周转大约消耗净生产力（NPP）的60%以上。研究表明，通过细根周转而归还到土壤中的碳量可以超过地上凋落物的碳输入（Raich等，1989；黄建辉等，1999；张小全等，2000）。Gower（2001）认为森林土壤在长久固碳方面潜力巨大。植树造林在增加地上生物量的同时，相应地增加了枯枝落叶和地下根系的输入量，使更多凋落物进入土壤，有利于土壤碳的积累。虽然与地上碳库相比，造林对土壤碳储量的影响要小，但土壤碳库容量大，较小的土壤碳变化都会影响到人工林的净碳积累（Scott等，1999；Sartori等，2007），且土壤碳周转速率慢，受干扰的程度小，能维持较长时期的碳储藏。所以，通过造林，提高碳素在土壤中的驻留，最后转化为稳定的腐殖质（史军等，2004），是一种更持久吸收CO_2的解决方案。

土壤有机碳库不仅受到气候条件、植被以及土壤自身理化性质等自然因素的影响，而且近几十年来，大规模的植树造林活动已经成为影响土壤碳动态的主要驱动因子。前人研究认为，在温带地区，造林能够在短期内增加土壤碳储量（Grigal等，1998；Charles等，2002）。人工林与草地或农田相比，地表累积有大量凋落物，有利于土壤碳的累积（Scott等，1999）。综合分析表明，从农田到人工林的土地利用转变，可使土壤碳储量增加18%（Guo等，2002）。同时造林能促进土壤有机碳与微团聚体和黏土的结合，提高了受物理保护的土壤有机碳的稳定性（Elliott，1986），有利于土壤碳储量的增加。不论是重新造林还是恢复成林，其在不同生长阶段的碳动态表明，森林重建一般都会提高土壤的固碳能力（Deng等，2014；Grunzweig等，2003；胡会峰和刘国华，2006）。这种固碳效果在幼龄期还不是很明显，但随着林木成熟，这种作用会愈加显著。

土壤有机碳库是动态碳库，其碳容量取决于碳输入与输出之间的平衡。植物光合产物的35%～80%被分配到地下，10%以枯枝落叶的形式进入土壤（Raich & Nadelhofer，1989），然后又通过土壤呼吸释放到大气中。前人研究表明，土壤温度和水分是影响森林土壤呼吸的主要因素（Raich & Schlesinger，1992；Davidson等，1998；Maier & Kress，2000；Xu等，2001；Rey等，2002；Crowther等，2016）。然而对于人工林生态系统来说，由于它是处于人为调控下的生态系统类型，与水热条件相比，主要经营措施如树种选择、轮伐期和施肥等是影响人工林土壤碳排放的更重要因素，因为这些人为因素可以直接改变土壤的温度、水分、土壤结构和微生物种群（Curtin等，2000；Fang & Moncrieff，2001）等影响土壤碳循环的因子。

土壤呼吸碳排放是森林生态系统碳排放的主要途径，也是大气CO_2浓度发生较大波动的主要因素之一，是陆地生态系统碳循环和全球变化研究的一项重要内容（Raich & Schlesinger，1992）。地下生态系统对维系地上生态系统结构和功能的稳定性和可持续性意义重大，并且地下碳循环过程对陆地生态系统碳循环起关键作用（方精云等，2007）。精确估测人工林土壤碳库动态及其主要影响因子是当前全球碳通量研究的重点内容之一，直接关系到整个人工林生态系统固碳潜力的评估。所以，土壤碳循环规律、土壤固碳速率、土壤碳周转及其影响因素，是生态系统固碳研究的核心内容。

2000 年以来，我国开展了许多人工林土壤"碳汇"功能研究（李克让等，2003；贺亮等，2007；唐罗忠等，2004；孙虎等，2016）。贺亮等（2007）对油松、刺槐人工林的研究表明，油松林生态系统的碳储量为 48.84 t/hm^2，其中土壤碳储量为 24.64 t/hm^2；刺槐林的碳储量为 48.57 t/hm^2，其中土壤的碳储量可达 31.99 t/hm^2。对江苏里下河地区的研究表明（唐罗忠等，2004），10 年生杨树人工林的碳储量约为 136.2 t/hm^2，其中土壤碳储量为 59.9 t/hm^2，占林分总碳储量的 44%。由此可见，土壤碳储量是人工林生态系统整个碳储量的重要组成部分。但与天然林相比，人工林土壤是碳循环研究的薄弱环节。造林后土壤碳循环受多种因素影响，如气候、土壤条件、造林前土地利用历史及人工林管理措施等，所有这些因素调控着土壤有机碳的质量及数量和时空分布、土壤呼吸和矿化速率、土壤理化性质等，从而在不同程度上影响造林后的土壤碳库动态。

1.2.3 管理措施对人工林碳库的影响

2001 年 11 月，《马拉喀什协定》对造林再造林、毁林和森林管理作出了明确的定义。认为森林管理是一个林地利用和作业系统，其目的是可持续地实现森林相关的生态（包括生物多样性）、经济和社会功能（UNFCCC，2001）。在"赫尔辛基进程"和"蒙特利尔进程"中，森林可持续管理包含了涉及森林碳循环的相关指标，如碳储量、生物量、生物生产力、薪材消耗等（FAO，2002）。从原则上讲，《京都议定书》3.4 条款下的森林管理包括：可引起碳储量变化的所有森林管理活动，如森林防火、病虫害防治、森林更新、幼林抚育（除草、松土等）、施肥、灌溉、采伐和枯死木管理等（FAO，2002）。因此，可以通过科学合理的人工林管理措施来实现减排增汇的目标。

人工林的经营与管理是实现和促进"碳汇"功能的重要手段（Dickmann 等，1996；Jandl 等，2007；Waterworth 等，2008；Canadell & Schulze，2014）。作为人工生态系统类型，人工林的树种选择、营造方式、抚育措施等都可能直接或间接地影响人工林生态系统的固碳速率（刘迎春等，2019）。树种类型、组成和林龄对土壤有机碳储量均有显著影响，具有不同生长特性的树种具有不同的碳密度和生长速率（Liu 等，2017）。确定合理轮伐期有助于维持人工林生态系统碳固存的持久性（王伟峰等，2016）。其次，人工抚育经营措施可增加单株林木的胸径、树高、冠幅和林分蓄积生长，增加林下植被的种类数量和盖度，从而影响人工林生态系统的植被碳储量；抚育间伐也是影响林分凋落物分解和土壤碳积累的重要因素（段劼等，2010）。总之，管理措施可能改变人工林的结构和土壤水热条件从而影响林木的生长及其碳储量，也必然改变碳排放速率及净碳吸收。

不同管理措施会引起"碳源"或"碳汇"转换及固碳速率的改变（李翀等，2017）。如森林采伐、商业性及薪材的采伐或把林地转变成农地，都会减少生态系统碳储量，而合理的管理措施如施肥、灌溉、间伐、控制性火烧等手段则能增加生态系统碳储量（吴建国等，2004；李新宇等，2006；Post & Kwon，2000；Johnson & Curtis，2001）。通过延长森林的轮伐周期、枯枝落叶还林等方式也可减轻森林采伐对林地造成的破坏。此外，提高林产品的使用频率、延长木制品的使用周期等方式可以减少对林木采伐的需求，从而间接地提高森林生态系统的固碳潜力。刘迎春等（2019）认为，人工林与天然林蓄积量的年增量存在明显差异，这与森林的管理方式有关。人工林受整地、火烧、抚育等森林管理行为影响，导致造林初期的土壤、光等条件优于天然林，但随着时间推移，尤其树种单一的人工林郁闭后，水、光资源竞争加剧，生长限制因素增多。李翀等（2017）研究表明，过度集约经营有可能导致毛竹林的碳损失，而合理经营有利于毛竹林的碳累积。所以，人工林管理对其固碳潜力的影响至关重要。不同的森林管理方式以及管理强度，都会对人工林碳库产生重大影响。

目前，全球只有 10%的森林处在有效管理中（FAO，2003）。大部分人工林由于物种单一，抵抗火灾、病虫害以及其它灾害的能力较弱，其固碳潜力并未得到充分发挥。据第八次全国森林资源清查数据显示，我国林分单位面积蓄积量为 78.06 m^3/hm^2，仅为世界平均水平（114 m^3/hm^2）的 68.5%。人工林平均蓄积量仅为 52.76 m^3/hm^2，人工林优势树种如杉木人工林的蓄积量仅为 69.8 m^3/hm^2，落叶松人工林蓄积量为 58.6 m^3/hm^2，马尾松蓄积量为 56.2 m^3/hm^2，低于同纬度其它国家（盛炜彤，2018）。中国森林植被的碳储量（以碳计）介于 3.26～4.75 Pg 之间，平均碳密度在 38.7～44.9 t/hm^2 之间，无论是碳库大小，还是碳密度都远低于世界平均水平（Fang 等，2001；Pan 等，2004）。如果我国森林碳密度能够达到 50 t/hm^2，将会增加固碳量 2.1 Pg。因此，如果采取积极的管理措施，则我国人工林的固碳减排潜力巨大。但如何调整森林经营管理措施以实现更大"碳汇"潜力是目前亟待解决的技术难题（魏晓华等，2015）。

第八次全国森林资源清查数据表明，我国人工林普遍存在林分结构单一、生物多样性下降、多代连作导致地力衰退等问题，生态系统功能逐渐退化，影响人工林生态系统的可持续发展。我国林地生产力低，森林每公顷蓄积量只有世界平均水平 131 m³ 的 69%，人工林每公顷蓄积量只有 52.76 m³。龄组结构依然不合理，中幼龄林面积比例高达 65%。林木蓄积年均枯损量增加 18%，达到 1.18 亿 m³。此外，我国人工林面积扩展空间非常有限，其中 53% 的可造林地位于年降水量小于 400 mm 的区域，水分是制约人工林生长的主要因子。李奇等（2018）研究表明，中国人工林幼龄林和中龄林的面积比例较大，若经过合理的森林经营和管理，可以预测未来人工林的碳储量会不断提高。在提高人工林面积的基础上，还需要加强对现存人工林的抚育管理与保护，特别是使其免受火灾、病虫害等不利因素的影响，从而稳固地提高人工林的固碳速率。因此，在新的发展阶段，迫切需要加强森林经营，提高林地生产力，采取合理手段增强人工林的固碳功能。

1.2.4 人工林的净生态系统生产力

净生态系统生产力（net ecosystem productivity，NEP）为净初级生产力（net primary productivity，NPP）和异养呼吸的差值，可定量描述陆地生态系统"碳源"或"碳汇"的性质和能力（图 1-1）。在不考虑各种自然和人为扰动的情况下，NEP 可近似看作陆地生态系统与大气系统之间的净碳交换量（Cao 等，2003；Tao 等，2007）。森林的净生态系统生产力是森林生产力和固碳能力的重要指标，可定量评估生态系统固碳能力的大小。

由于人工林在维护全球碳平衡及减缓大气 CO_2 浓度中的重要作用，人工林的净碳吸收及其动态变化引发研究者的极大关注。近几十年来，科学家在不同尺度上对陆地生态系统的 NPP 和 NEP 做了大量研究和估算（Arain & Natalia，2005；方精云等，2015）。研究表明，从 20 世纪 80 年代至 90 年代，北半球中高纬度陆地生态系统是一个巨大"碳汇"（Fang 等，2001；Cao 等，2003）。Cao 等（2003）认为，在气候变暖和 CO_2 浓度增加的共同作用下，中国陆地生态系统碳源（或汇）分布存在区域差异，总体上具有"碳汇"作用。Wang 等（2015）研究表明，中国陆地生态系统净初级生产力（NPP）约为 2.84 Pg/a，陆地生态系统净生产力（NEP）约为 0.21 Pg/a。1990—2010 年涡度相关的碳交换通量观测表明，东亚季风区（20°N～40°N）的亚热带森林生态系统具有很高的净 CO_2 吸收强度，其净生态系统生产力（NEP）可达 3.6 t/(hm²·a)。可见，对森林生态系统 NPP 和 NEP 的定量评估表明，植树造林是缓解和应对气候变化的重要保障。

建造高生产力和高碳汇的人工林生态系统，既能提供高产优质木材，又能发挥固碳减排、保护生物多样性等生态功能，是林业在应对气候变化时的新任务及重要战略转变（魏晓华等，2015；刘世荣等，2018）。通过种植杨树等速生高密度人工林，增加树木生物量和土壤中的碳储存（Arevalo 等，2011），可作为减少大气 CO_2 浓度的有效途径之一（House 等，2002）。虽然人工林的净碳吸收引起了学者的极大关注，但迄今为止，关于森林生态系统的净生产力研究还存在诸多不足。

首先，由于研究方法和手段的不同导致了估算结果的较大差异。近年来，国内外森林碳计量的估算方法主要有：基于样地清查的森林植被碳和土壤碳估算方法、基于生长收获的经验模型估算、基于定量遥感及雷达观测的遥感估测、基于多尺度森林生态系统网络的通量观测和陆地生态系统过程模型模拟等方法。由于森林生态系统结构复杂，对森林碳计量的估算结果普遍存在精度低、不确定性高的问题。2008 年《联合国气候变化框架公约》中，大部分国家采用 IPCC 缺省参数计量方法，存在着成熟林固碳结果偏高，而中幼龄林结果偏低的问题（赵苗苗等，2019）。

其次，对森林净生态系统生产力的研究主要集中于天然林（Hamilton 等，2002；周玉荣等，2000；方精云等，2006）。如周玉荣等（2000）研究了我国森林碳平衡状况，其中土壤异养呼吸数据借用了国际上的研究数据，在一定程度上影响评估结果的准确性。近年来，不少学者对我国人工林的"碳汇"功能进行了研究（魏远等，2010；邱岭等，2011），但是由于时间短、资料有限，特别是基于生物量调查的人工林碳储量估算存在较大误差，以致不同的研究结果存在一定差异（魏远等，2010；邱岭等，2011；唐祥等，2013）。因此，急需提高对森林生态系统 NPP 和 NEP 定量评估的精度。

人工林是一个动态碳库，净生态系统生产力同时受到自然因子和人为因子的影响，如：全球变化过程中温度、降水量及大气 CO_2 浓度的变化；土壤类型、肥力及结构；树龄、采伐、灌溉等人工林管理措施的采用（李翀等，2017）。这些因素及其相互作用为估算人工林的净碳吸收带来了巨大挑战（图 1-1）。如在一个轮伐期内，随着人工林逐渐成熟，NEP 值会逐渐变小，直至为零。显然，人工林的固碳潜力存在阶段性，且直接取决于轮伐期的长短。除此之外，虽然有关森林土壤呼吸的研究较多，但针对土壤异养呼吸组分的动态过程及其生物环境控制因子的研究较少（杨玉盛等，2006；杨金艳等，2006）。土壤异养呼吸估算精度直接影响人工林碳收支的准确评估（图 1-1）。所以，人工林的净生态系统生产力还有待于深入研究，以便准确评估区域乃至全球森林生态系统的"碳汇"潜力。

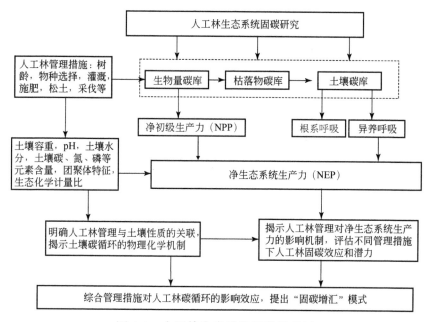

图 1-1 人工林生态系统固碳示意图

1.2.5 杨树人工林现状及其固碳效率

杨树（*Populus* spp.）是世界上分布最广、适应性最强的树种。主要分布于北半球温带到寒温带，从低海拔到高海拔皆有分布。杨树天然林面积约 2000 多万 hm² （世界天然林中以杨树为优势种的林分），天然品种约 100 多种。中国有丰富的杨树资源，位于我国的天然林面积约 300 万 hm²，品种有 53 种之多。

杨树是我国主要的人工造林树种之一。据第九次全国森林资源清查结果，人工杨树林面积约为 757 万 hm²，蓄积量约为 5.46 亿 m³，占人工乔木林面积和蓄积量的 13% 和 16%（国家林业和草原局，2019）。无论是杨树种植面积还是蓄积量均居世界首位。在执行六大林业重点工程以来，杨树种植与发展更加迅速，尤其是在速生丰产林建设中成为主要造林树种。杨树具有生长快、成材早、产量高和易于更新的特点，为适宜的短轮伐期用材林树种（方升佐，2008），在工业木材、制浆造纸、板材家具等原材料供应方面都起到了重要作用。近十几年来，杨树林在固碳减排、生物质能源和防风固沙方面，逐渐成为重点研究对象。杨树也是建立短轮伐期固碳人工林的理想树种。目前，国际学者已把速生和高生物量的杨树确定为生物质能源作物之一（Fang 等，2007）。生物质能源作为化石燃料的替代品已经获得全球公认且为温室气体减排带来了可能（Buyx & Tait，2011；Parmar 等，2015；Li 等，2016）。这也是未来能源林业发展的一大热点，但目前还处于起步阶段。

杨树是喜光先锋树种，一般直径年增长可达 3 cm 以上，高年增长可达 1～1.4 m（赵天锡和陈章水，1994）。研究表明，在气候、灌溉和养分适宜的条件下，杨树生产力可达 20～25 t/(hm²·a)（Heilman 等，1994）。在意大利波河流域创造了杨树丰产的世界纪录，其年生长量超过 30 m³/hm²，最高达到 53 m³/hm²。长期的杨树遗传生理研究表明，杨树速生性与其高光合速率紧密相关，杨树具有高效的叶片碳同化能力，同时同化产物分配到树干中的比例也较高（牛正田等，2006）。一般植物只能利用太阳能的 0.2%，杨树为 3%～4%，是一般树种固碳能力的 20 倍。杨树人工林的轮伐期较短，一般造纸材林为 5～10 年，用材林 10～20 年，伐了再造，始终保持高速的碳吸收。人工林不像天然林有成熟衰退的过程，它可以在较旺盛的生长阶段保持较高的固碳速率。

在江苏里下河地区，10 年生 I-69 杨树人工林的碳储量可达 136.2 t/hm²（唐罗忠等，2004）。如果从生物量碳的固定速率看，10 年生杨树的固碳速率不仅大于温带和亚热带森林的固碳平均值，甚至大于高生产力著称的热带森林固碳平均值 9.0 t/(hm²·a)，与众多欧美、印度等地的杨树相比，I-69 杨的生产力也较高（唐罗忠等，2004）。贾黎明等（2013）对我国杨树林的碳储量和碳密度进行了深入研究，认为杨树人工林为最适宜"固碳增汇"的主要森林类型之一。据估算，我国人工杨树林生物量碳库储量可达 179.22 Tg（Jia 等，2013）。杨树人工林碳储量占全国人工林总碳储量的 15.9%，其中杨树幼林占比达 65.9%，是我国人工林"固碳增汇"的潜力所在。据估算，杨树速生丰产林以其巨大的生产力和固碳速率，成为固定 CO_2 的重要途径，年固碳速率可达 7.5～15 t/(hm²·a)（李新宇等，2006）。张春华等（2018）研究表明，2009—2013 年，山东省杨树等阔叶类森林的碳储量之和占全省总量的 69.6%，其中杨树碳储量和碳密度的增长最为显著，其"碳汇"经济价值占全省所有森林类型的 60%。从全国来看，虽然新疆杨树人工林面积远比不上内蒙古、山东等省，但其杨树人工林碳密度处于全国前列，可达 52.65 t/hm²，在固碳方面拥有独特优势。

在我国，森林碳循环研究已取得很大进展，但大多数研究集中于杉木林（杨玉盛等，2005；肖复明等，2010；王伟峰等，2016）、落叶松林（邱岭等，2011）、马尾松林（莫江明等，2004）、油松林（贺亮等，2007）、阔叶红松林（王旭等，2007）等一些森林生态系统类型上，而对杨树的碳收支研究仅有少数报道

（陈文荣，2000；唐罗忠等，2004；张群等，2008）。国外学者分别从生理生态、生物量积累和无性系差异等许多方面对杨树进行了深入研究（Friend 等，1991；Ceulemans 等，1996；Dickmann 等，1996；Pregitzer 等，1996；Coleman 等，2000；Hansen，2000；Laureysens，2005；Block 等，2006；Swamy 等，2006）。但一直以来，前人对杨树的研究主要集中在光合作用和水分利用效率等生理代谢方面，对土壤及细根的碳动态方面涉及较少。且国内对杨树的研究主要集中在华北和东北地区，在条件严酷的西北地区比较罕见。我国西北的干旱和半干旱区，是实施林业生态工程造林活动的主要地区之一，但由于自然条件的限制，造林难度很大（张小全等，2005）。所以迫切需要加强该地区杨树人工林的碳循环研究，这对准确估算区域乃至全国人工林在减排增汇中的贡献具有重要意义。

1.3 人工林固碳的研究意义

工业革命以来，由于化石燃料使用、土地利用方式改变、森林退化等人类活动的影响，CO_2 等温室气体排放量不断增加，导致全球变暖等一系列全球性生态环境问题，严重威胁人类的生存和发展。中国目前是世界上最大的 CO_2 排放国（Li 等，2016）。随着中国经济进一步发展和城镇化进程，中国能源消耗和温室气体排放量短期内继续增加的趋势将难以改变，在未来的气候变化谈判中势必面临温室气体减排或限排的巨大压力（方精云等，2015）。因此，如何促进陆地生态系统碳的固定及其稳定（Pan 等，2004），减少 CO_2 排放，成为减缓气候变化的一个重大挑战。

森林生态系统的碳循环过程是影响气候系统的重要因素，其碳收支及其循环过程机制研究一直是全球变化成因分析、减缓和适应气候变化领域的科学研究热点（于贵瑞等，2011；周国逸，2016；Houghton，2020）。森林生态系统碳储量和碳收支的估算、林业碳汇认证是当前国际科学研究的前沿领域。在当前全球变暖的大背景下，森林"碳汇"的增长或消减成为最受全球关注的问题之一。人工林生态系统作为人为控制下的主要增汇措施之一，在碳循环和减缓气候变化研究中占据越来越重要的位置。如何提升人工林生态系统的碳储量及固碳潜力是人工林可持续发展的重大战略。因此，开展人工林生态系统碳储量和碳收支的估算对构建区域尺度碳储量和碳收支动态监测体系，定量评价中国生态系统的碳收支状况和增汇潜力具有重要意义。

在陆地生态系统中，植物根系、土壤碳库和土壤呼吸是地下碳收支的重要组成部分，对于各碳库储量以及土壤碳通量的研究是陆地生态系统碳循环研究的重要部分。但与地上碳库相比，地下碳循环过程是目前生态学过程研究中的"瓶颈"（Copley，2000；贺金生等，2004）。揭示生态系统的土壤碳累积和土壤碳排放的动态规律，是准确评估人工林生态系统的碳源（汇）功能及其固碳潜力的基础（于贵瑞等，2011；Wang & Huang，2020）。所以，土壤碳动态研究对预测大气 CO_2 含量及增加土壤"碳汇"起着关键作用。

植树造林，作为一种能有效地增加陆地碳汇、减缓温室效应的土地利用方式（Hawes，2018；张小全等，2005），已被国际社会所公认。政府间气候变化专门委员会（IPCC）在关于土地利用变化和林业的专门报告中指出，从 1995 年到 2050 年，全球造林和再造林活动预计可以吸收 60～90 Pg C。加强造林等土地利用方式转变对碳循环的影响研究对减缓全球气候变化具有重要意义。我国位于全球环境变化最为剧烈的东亚季风区，对区域及全球气候变化的响应极为敏感。因此，科学全面地评估我国的温室气体排放及吸收状况，准确评价增汇减排对全球气候的可能影响（方精云等，2015；周国逸，2016；Fang 等，2018），对我国陆地碳循环研究和国家环境外交政策的制定有积极作用。

综上所述，人工林的碳汇潜力十分巨大，而且人类经营活动可以在一定程度上改变人工林的结构与功能。因此，如何加强以 CO_2 减排与增汇为目的的人工林生态系统管理，同时促进我国生存环境的改善及履行气候变化公约是我国政府当前迫切需要解决的问题。把握人工林生态系统碳累积和碳排放的动态规律，是准确评估人工林生态系统碳源（汇）功能及其固碳潜力的基础。同时，研究管理措施对人工林碳汇的影响过程及机制，可避免人为扰动对生态系统的负面影响，并可为国家尺度的温室气体管理和碳交易机制的建立提供科学数据和技术支持，这对充分发挥人工林在减缓全球气候变化中的作用具有重大意义。

第**2**章

影响人工林土壤碳循环的主要因子

2.1 管理措施对人工林土壤有机碳库的影响

人工林的碳汇作用包括森林土壤和林木，森林土壤的碳汇功能更加重要（Wang & Huang，2020）。森林土壤在长久固碳方面潜力巨大。通过造林，提高大气 CO_2 在土壤中的驻留，最后转化为稳定的腐殖质，是一种比采用植物生物量临时吸收 CO_2 更持久的解决方案（史军等，2005；方精云等，2015）。不论是重新造林还是恢复成林，其在生长过程中的碳动态研究都表明，森林重建一般都会提高土壤的固碳能力。土壤的碳库储量不仅取决于土壤的碳输入，同时也取决于土壤的碳排放（Crowther 等，2016）。土壤呼吸作用是除光合作用外，陆地碳收支中最大的通量，约占生态系统呼吸的 $60\%\sim90\%$（Raich & Schlesinger，1992）。因此，土壤有机碳库的动态变化是碳循环研究的核心内容。

森林的土壤固碳速率因气候、森林类型、树龄、立地条件和人为干扰等因子而异（张小全，2005；Jandl 等，2007；刘世荣等，2018）。其中水热条件是影响森林生产力的主要因素，同时也是土壤有机碳的输入与分解过程中的主要影响因子。但人工林是处于人为调控下的生态系统类型，与水热条件相比，主要经营措施是影响人工林土壤碳平衡的更重要因素。因为这些人为活动可以直接改变土壤的温度、水分、土壤结构和微生物种群等影响土壤碳循环的因子（Lal，2004；胡会峰和刘国华，2006）。合理的人工林经营方式可以通过对林木生产力和林地小气候等的影响，增加生态系统的土壤碳固定和碳储存。

国内外科学家已就土壤碳储量和碳通量的影响因子、影响机理及定量评估等方面开展了大量研究，取得了较大进展。目前，关于影响人工林土壤碳储量和碳通量的经营措施主要有：造林树种选择、轮伐期、采伐、施肥和灌溉等。

2.1.1 造林树种

不同的造林树种，由于光合固碳能力和环境适应性方面的不同，导致它们在生产力、碳分配、凋落物数量和质量等方面的差异，从而对人工林生态系统土壤的碳汇（源）功能产生不同影响（Raich & Tufekcioglu, 2000；Oostra 等，2006；Liu 等，2017；程然然等，2017）。不同树种的根冠比以及光合产物的分配模式相差较大，会导致根系呼吸强度的不同。即使是同类树种，由于其生物量及其同化产物分配的差异，也会造成根系生物量及根系呼吸强度的差异。根系的垂直分布特征（如深根系或浅根系）直接影响输入到土壤剖面各层次的有机碳数量，决定着土壤有机碳的垂直分布（周莉等，2005）。

土壤有机碳主要来源于地上部分的枯枝落叶及根系周转产生的碎屑。凋落物的质量和数量与外界环境因子共同决定了土壤中有机碳的含量（Raich & Tufekcioglu, 2000）。凋落物多且根系生长快的树种，其林地土壤有机碳的增加相对较快。李跃林等（2004）对鹤山桉树（*Eucalyptus*）等 5 种人工林的土壤有机碳进行了研究。结果表明，不同人工林下的土壤碳储量存在显著差异。同一深度土层中，木荷林（*Schima superba*）的土壤有机碳含量最高。Schulp 等（2008）的研究表明，不同森林类型的土壤有机碳与枯落物碳储量差异显著，如山毛榉（*Fagus sylvatica*）和落叶松（*Larix kaempferi*）的土壤有机碳储量分别为 53.3 t/hm^2 和 97.1 t/hm^2。森林凋落物产量受到森林类型、物种组成等多种因素的影响。张新平等（2008）对我国东北地区森林凋落物产量的研究结果表明，不同森林类型凋落物年产量存在显著差异，针阔叶混交林显著高于针叶林。其中，杨桦林（*Betula platyphylla* +*Populus davidiana*）的年凋落物量为 3.7 t/(hm^2·a)；长白落叶松（*L. olgensis*）为 1.9 t/(hm^2·a)；而阔叶红松林（*Pinus koraiensis*）为 4.5 t/(hm^2·a)。且不同树种凋落物具有各自不同的化学特性，从而导致其在土壤中的分解速率各不相同。当凋落物的 C/N 比较高时，其分解速率下降，释放到大气的 CO_2 减少，有利于土壤有机碳的累积。

研究表明，不同树种森林类型的土壤呼吸速率差异明显（Raich & Schlesinger, 1992）。生长在相同土壤上的针叶林的土壤呼吸速率可比邻近的阔叶林低 10%左右（Raich & Tufekcioglu, 2000）。Weber（1990）观测到白杨林（*Populus tremuloides*）的土壤呼吸速率明显比附近松树林的高。Hudgens 等（1997）也观测到阔叶林的土壤呼吸速率比附近松树（*Pinus sylvestris*）人工林的高。骆土寿等（2001）观测到海南岛尖峰岭热带山地雨林的土壤呼吸速率为 4.7 g/(m^2·d)，而秦岭及北京地区油松（*P. tabulaeformis*）林地的土壤呼吸速率仅为 1.0 g/(m^2·d)左右（刘绍辉等，1998），二者相差近 5 倍。可见，不同森林树种会造成地下碳分配比例、根系生长速率、根系生物量及枯落物等诸多因子的差异，最终导致人工林土壤碳储量和碳排放量方面的较大差异。

2.1.2　林龄或轮伐期

人工林在生长过程中碳储量不断增长，其在固碳方面的贡献取决于轮伐期的长短（Liski 等，2001；孙虎等，2016；王伟峰等，2016）。关于造林后土壤碳的变化情况有许多深入研究。在温带地区，有研究认为，造林能够在短期内增加土壤碳储量。也有研究表明，造林后土壤碳储量通常是最初下降，然后才开始积累（Turner & Lambert，2000；Peltoniemi 等，2004）。Paul 等（2002）对全球 204 个造林样地的土壤碳数据分析发现，在造林后最初 5 年，土壤碳储量下降约 3.64%，之后逐渐增加。约 30 年后，土壤表面 0~30 cm 的碳储量通常高于最初的农田土壤。Vesterdal 等（2002）的研究也发现，5 cm 表土层的土壤碳密度和碳储量随林龄增长而增加，而在 5~25 cm 深度则随林龄增加而下降。研究表明，从农田到人工林的土地利用转变，使得土壤碳储量增加了 18%（Guo 等，2002）。李跃林等（2002）对广东鹤山马占相思林（*Acncia mangium*）造林前后 0~100 cm 土层碳储量的对比研究发现，造林 14 年后，人工林土壤下层有机碳含量显著提高。白雪爽等（2008）对不同树龄杨树人工林的土壤碳储量研究表明，与对照农田相比，5 年生杨树人工林 0~60 cm 土壤有机碳储量下降了 31%，而 10 年和 15 年生杨树人工林土壤有机碳储量分别增加了 47% 和 41%。所以，造林后土壤碳的变化情况及变化速率存在较大差异，这种差异可能与造林前土地利用方式、气候条件和土壤质地等因素有关。一般认为，延长轮伐期有利于人工林土壤的碳积累（Liski 等，2001）。

林龄与土壤呼吸的关系研究存在较大不确定性。有研究发现，随林龄增加，火炬松（*P. taeda*）人工林的土壤呼吸作用会加强（Wiseman & Seiler，2004）。但也有研究认为，土壤呼吸随林龄增加而减弱。如 Joshi 等（1997）研究发现，杨树（*P. deltoides*）人工幼林的土壤呼吸速率为 239 mg/(m^2·h)，而近熟林的土壤呼吸速率下降到 169 mg/(m^2·h)。Tedeschi 等（2006）的研究也表明，橡树（*Quercus cerris*）林的土壤呼吸速率随林龄增加而下降。土壤的碳积累取决于碳输入与碳释放之间的平衡，林龄对这两个过程的影响机制不同，可能导致最终对土壤碳库储量的估算存在很大不确定性。到目前为止，树龄对土壤碳库的影响机理还没有一个统一的认识，尤其是针对人工林的研究还非常薄弱。

2.1.3　灌溉

人工林的快速生长与源源不断的水分供应密切相关，尤其在干旱地区，水资源是人工林培育的主要影响因素。土壤水分也是影响土壤碳排放的主要因子之一（Yan 等，2014）。灌溉可以显著改变土壤水分和温度条件。在一定范围内，土壤水分的增加将促进土壤呼吸作用的增加（Keith 等，1997；Conant 等，2004）。Davidson 等（2000）的研究表明，土壤水分是影响土壤呼吸的重要因素，在亚马孙河东部地区，草地和森林的土壤呼吸速率均随土壤水分增加而增加。Jabro 等（2008）发现，适度灌溉增加了土壤呼吸作用，不利于土壤的碳固存。而当土壤水分大于一定的生理阈限时，土壤水分的增加将导致土壤通透性变差，土壤缺氧将导致根系死亡，引起根系呼吸作用减小，并使 CO_2 在土壤中的扩散阻力增大（Cavelier 等，1990）。Gaumont-Guay 等（2006）发现，杨树人工林在降雨后，土壤呼吸速率由 3.6 $\mu mol/(m^2 \cdot s)$ 快速增加到 9.0 $\mu mol/(m^2 \cdot s)$。但当土壤水分高于 25%～30% 时，土壤呼吸速率则受到明显抑制。

一般来说，当土壤含水量低于萎蔫系数或高于最大田间持水量时，土壤碳排放量都会明显减少。土壤水分对土壤碳释放的影响机理比较复杂，除植物对土壤含水量的适应性不同外，还可能与不同土壤类型的田间持水量范围密切相关。

2.1.4　采伐

森林采伐可以直接造成人工林生物碳库的急剧下降，同时可以改变林下土壤结构和水热条件，引起有机质分解速率和根呼吸速率的变化，而且土壤裸露会加剧土壤侵蚀和淋溶作用，进而影响到林地土壤的碳汇功能。一般认为，森林采伐会导致土壤碳的损失，尤其在采伐后的几年里，有机物分解引起的碳排放超过碳输入，使得林地土壤成为一个碳源。研究表明，在森林收获后的 20 年内土壤有机碳储量将会急剧下降近 50%（Covington，1981），且需经 20～50 年才可使土壤碳含量增加（Black & Harden，1995）。这是因为采伐不仅降低了土壤有机物的输入量，同时促进了它的矿化（Yanai 等，2003；段劼等，2010）。但采伐后，将采伐剩余物包括枯枝落叶和倒木留在林内，经分解和淋溶作用而自然腐烂，有可能弥补有机物输入量的减少，增加土壤有机碳含量（Nilsen 等，2008）。Johnson 等（1992）在综合分析了采伐对土壤碳的影响后发现，采伐后腐殖质层土壤碳平均增加了 5%。而且还发现采伐方式对土壤碳变化影响显著，锯材方式可使土壤碳增加 18%，而全木采伐使土壤碳减少 6%。

关于采伐对土壤呼吸的影响尚未形成共识，研究结果差异较大。有研究表明，采伐后土壤呼吸速率有增加现象。Gordon 等（1987）观测到云杉林（*Picea glauca*）皆伐后土壤呼吸明显增加，且夏季增加更为显著。Lytle 等（1998）也发现，针叶林皆伐地比对照土壤呼吸高 16%，与皆伐后细根分解产生大量的 CO_2 有关。Ewel 等（1987）认为，湿地松（*P. elliottii*）人工林皆伐地土壤 CO_2 释放量增高，与较高的地温和采伐剩余物分解有关。另有研究表明，杉木林（*Cunninghamia lanceolata*）皆伐后前 4 个月土壤呼吸显著高于对照，伐后 1 年内的平均土壤呼吸则与对照无显著差异（杨玉盛，2005）。Striegl & Wickland（1998）观察到皆伐使北美短叶松（*P. banksiana*）土壤呼吸在第一个生长季下降了 50%，数年后，地面植物的重新定居以及采伐剩余物的分解使土壤呼吸增加了 40%。Weber（1990）报道安大略省东部的白杨林，在皆伐后前两个生长季节土壤呼吸呈下降趋势，在第 3 个生长季则恢复到原来水平。王旭等（2007）研究了长白山阔叶红松（*P. koraiensis*）林伐后 13 年的土壤呼吸作用。结果表明，整个生长季节皆伐迹地土壤呼吸速率约为林地的 75%。

采伐对土壤呼吸的影响非常显著，采伐后土壤呼吸速率不仅依赖于土壤有机质含量及其分解速率，还依赖于采伐剩余物的数量及处理方式（Striegl & Wickland，1998；Nilsen & Strand，2008）。森林采伐后生物量减少和微环境改变是造成土壤呼吸作用发生变化的主要原因。不同密度林分的郁闭度不同，造成林内光照、热量条件的改变，从而改变林下的土壤温度和水分，影响土壤呼吸速率。可见，采伐前后土壤碳储量及排放量会发生明显改变，采取合理的采伐技术是减少碳排放、增强土壤碳汇的重要手段。

2.1.5　施肥

施肥是人工林经营中普遍应用的一项管理措施。许多森林生态系统受氮素限制，增加氮输入能够大大提高植被生产力，同时增加凋落物量。多项研究表明，施肥增加了地上与地下的凋落物量，有利于土壤碳储量的增加（Johnson，1992）。施肥也可能通过对凋落物和土壤 C/N 比的改变影响土壤呼吸作用。土壤 C/N 比下降，使土壤微生物的活性提高，加速了土壤碳和枯枝落叶层有机碳的分解矿化，会增加土壤 CO_2 的排放，最终影响土壤有机碳储量。

土壤养分如氮有效性会影响光合产物在地上和地下的分配格局。有研究发现，土壤养分增加导致光合产物在根系中的分配比例减少，从而使根系呼吸作用减弱。Lee 等（2003）在佛罗里达州的研究表明，施氮肥使三叶杨（*P. deltoides*）的土壤呼吸有明显下降。Keith 等（1997）观察到桉树（*E. pauciflora*）林在增加磷肥后，使地上干物质增加的同时，土壤呼吸速率降低8%。Maier等（2000）研究了施肥对火炬松（*P. taeda*）人工林土壤呼吸的影响，发现未施肥林分的土壤呼吸速率［3.22 μmol/(m²·s)］比施肥林分的土壤呼吸速率［2.80 μmol/(m²·s)］提高15%。而在德国挪威云杉（*P. abies*）林中，施肥后第2年土壤呼吸速率明显增加，第3年有所降低（Borken等，2002）。Gallardo等（1994）观察到暖温带森林施氮肥后，土壤的呼吸作用有所提高。Oren等（2001）观测到施肥对火炬松（*P. taeda*）人工林土壤呼吸的影响并不明显。可见，施肥对土壤碳释放的影响目前还没有形成共识。

松土除草也是人工林常用的营林措施之一，不仅能防止杂草与幼树争夺土壤水分和养分，也有助于提高土壤通透性。松土可以破坏土壤的团聚体结构，使土壤有机碳失去保护暴露出来，激发了土壤微生物活性，会加速土壤有机碳的分解（Curtin等，2000）。此外，人工林的冠层结构、叶面积指数会影响林下物种组成，并通过植物自养呼吸、土壤微生物活性、凋落物质量及分解速率等许多功能过程的变化，最终影响人工林土壤呼吸作用。

总之，管理措施对人工林土壤碳汇功能影响巨大。人工林经营措施可直接改变林地的水热因子、养分因子和土壤结构，从而影响土壤有机碳和土壤呼吸等碳循环过程，是调控生态系统土壤碳收支的更重要因素（Jandl等，2007；Waterworth & Richards，2008）。合理的经营方式是增强土壤碳汇、减缓温室效应的重要途径。

2.2　土地利用方式转变对土壤有机碳库的影响

土地利用变化已经成为影响土壤碳库的最主要因素之一（Post & Kwon，2000；陈广生和田汉勤，2007；Houghton等，2017）。土地利用方式的不断变化也是导致全球陆地生态系统碳估算不确定性的重要原因，所以，土地利用方式对温室气体和陆地生态系统碳吸存的影响成为全球碳循环和全球气候变化研究的热点内容之一。

工业革命以来，土地利用方式转变已经成为影响全球生态系统格局、结构和过程变化的主要驱动力（Houghton & Nassikas，2017）。土地利用方式转变一方面使储藏在植被中的碳量发生变化，另一方面可导致土壤碳的大量排放。随着社会和经济的快速发展，人类活动对于土壤的干扰作用不断加强，毁林、农业活动等人类活动引起的土地利用方式的变化逐渐成为引起土壤有机碳储量变化的主要驱动力。在当前气候变化趋势下，由于土地利用方式转变改变了生态系统碳循环过程，从而在很大程度上改变了土壤有机碳储量及碳排放。仅在 20 世纪 90 年代，人口剧增引起的粮食需求增加就使得每年 1200 万 hm^2 的林地转化为耕地，250 万 hm^2 林地转化为草地。如此大面积的林地和草地转化为耕地，加之全球气候变化的影响，必将引起陆地生态系统碳库的剧烈变化，从而深刻影响全球碳循环，加剧全球气候变化，进而威胁人类的生存环境。

土地利用变化不仅直接改变了地表植被类型从而影响土壤有机碳的输入，而且还引起了土壤理化性质的变化，从而对土壤的固碳能力产生影响（周涛和史培军，2006）。Houghton（1996）对土地利用变化影响结果的研究表明，1850—1990 年，土地利用的变化导致 124 Pg C 释放到大气中，约相当于同时期化石燃料燃烧碳释放量的一半。1990—2010 年，土地利用变化导致的净碳排放量约占全部人类活动碳排放的 12.5%（Houghton 等，2012）。据 IPCC（2007）估算，20 世纪 90 年代土地利用变化引起的 CO_2 排放量相当于人类活动引起的总排放量的 25%。土地利用变化已经成为仅次于化石燃料排放引起温室气体浓度增加的主要原因。土壤有机碳的变化和储存与土地利用活动密切相关，长期非持续性土地利用增加了陆地生态系统碳素释放，使大气中 CO_2 浓度不断升高。研究表明，自工业革命以来，大气 CO_2 浓度每年以 0.4% 的速率递增，其中林地等土地利用变化产生的 CO_2 占排放总量的 33%。

从人类开始从事农业活动以来，土地利用变化就对土壤有机碳产生了深刻影响。但直到 20 世纪以后，人们才开始关注土壤有机碳的产生与土地利用变化之间的关系。20 世纪早期的研究主要围绕土壤肥力展开。20 世纪六七十年代，生态学家主要关注工农业活动对大气碳库的影响，并系统地研究了碳循环与土地利用变化之间的关系，首次提出了"碳失汇"问题。20 世纪 90 年代，随着《京都协议》和《气候变化框架公约》的签订，土地利用变化及其对土壤有机碳影响的问题，成为各国科学家研究的前沿问题之一。各国学者围绕这一核心问题，对全球各区域土地利用变化的格局和原因展开了不同层次的广泛研究，明确了土地利用变化对土壤有机碳的影响，同时也指出土地利用变化对土壤有机碳影响的复杂性和不确定性。

Scott 等（2002）根据土壤类型、气候和土地利用将新西兰分为 39 类景观单元，并利用近 2000 个剖面数据库估算出新西兰 0～100 cm 深度的土壤有机碳储量分别为 4.18 Pg。Dixon 等（1994）研究得出了全球森林土壤碳库为 787 Pg，占全球土壤碳的 73%。Houghton 等（2003）利用历史信息重建了中国的土地利用变化，特别是森林面积的变化，探讨中国土地利用变化导致的碳源或碳汇问题，结果发现在 1700—2000 年期间，约有 17～33 Pg 碳释放到了大气，其中约 25% 来自土壤。但 20 世纪 70 年代以后，毁林率的降低及植被面积的扩展导致了碳通量的反转，到 90 年代末，中国陆地已从碳源变成了碳汇。土地利用变化是影响土壤碳的主要因素之一，但土地利用变化对土壤碳储量的影响具有很大的不确定性。

土地利用方式是影响土壤碳释放的重要因素，因为这些人为因素可以直接改变土壤的温度、水分、土壤结构和微生物种群等影响土壤碳排放的因子。植被类型不同，冠层的光合固碳能力不同，导致在生产力、碳分配和凋落物数量质量等方面的差异，从而对生态系统土壤的碳汇（源）功能产生不同影响（Raich & Tufekcioglu，2000；Hagen-Thorn 等，2004；Oostra 等，2006）。Jackson（1996）指出，地下生物量的大小和分布对土壤碳循环具有重要意义，并估算出不同森林类型的根茎比在 0.17～0.32 之间变动。不同树种的根冠比以及光合产物的分配模式相差较大，会导致土壤呼吸的不同。不同植被类型的土壤呼吸速率差异明显（Raich & Schlesinger，1992）。如生长在相同土壤上针叶林的土壤呼吸速率比邻近的阔叶林低 10% 左右（Raich & Tufekcioglu，2000）。Weber（1990）观察到白杨（*Populus tremuloides*）林土壤呼吸速率比附近松树（*Pinus sylvestris*）林的高；Hudgens 等（1997）也观察到阔叶林的土壤呼吸速率比附近松树人工林的高。可见，不同土地利用类型会导致土壤碳排放的显著差异。

我国是一个土地利用变化频繁的国家，对全球碳循环及全球气候变化具有重要影响。21 世纪以来，我国科学家探讨了土地利用和覆被变化对土壤碳库和碳循环的影响（李克让等，2003；刘纪远等，2004；杨玉盛等，2007；Deng 等，2014）。刘纪远等（2004）利用 20 世纪 80 年代和 90 年代末的 TM 数据和第二次全国土壤普查资料，估算了中国 1990—2000 年的土地利用变化对林地、草地和耕地土壤有机碳蓄积量的影响。吴建国等（2004）研究了六盘山地区林地与农田或草地相互转换对土壤有机碳储量的影响，结果表明土壤有机碳含量和密度随土地利用方式的变化而变化，同时土壤有机碳含量和密度在土壤剖面上的分布也随土地利用变化而发生改变。杨玉盛等（2007）通过对中亚热带山区天然林、人工林等 7 种典型土地利用方式的土壤有机碳储量的研究表明，热带山区天然林转变为其他土地利用类型后，表层 0～20 cm 土壤有机碳储量下降明显。李跃林等（2002）对鹤山不同土地利用方式下土壤表层有机碳含量展开研究。这些研究为揭示土地利用方式对土壤碳循环的影响机理奠定了坚实基础。

人类活动所引起的土地利用和土地覆盖变化对土壤碳库和碳循环的影响是最直接的。有关土地利用变化对土壤碳库影响的研究，主要表现在几种典型土地利用方式的变化，如林地变为耕地和草地，以及耕地恢复为林地和草地等。森林砍伐转变为农田后，会引起土壤有机碳含量快速下降，其主要原因是地表凋落物的输入减少，同时耕作破坏了土壤团聚体结构，使有机质暴露，加快了其分解速度。而通过弃耕农田还林还草，或者草地恢复为森林等保护性的土地利用变化，可以减少陆地生态系统向大气的 CO_2 净排放（Parmar 等，2015），甚至增加土壤碳储量。

此外，土壤碳库大小还取决于其它一些因素，如土壤理化性质（包括土壤质地、母质、有机质组成、pH 以及土壤 C/N 比、土壤养分等）会对土壤有机碳的稳定性及其变化产生一定的影响。地表植被类型的不同直接影响着输入土壤有机物数量的差异。在自然条件下，土壤中有机碳的输入受气候条件如温度、水分等因素制约。

总之，土壤碳库储量受多种因素的影响，加上土地利用变化的频繁性，使得土地利用变化与土壤碳储量的关系具有很大的不确定性（Lu 等，2018；Houghton，2020）。目前关于生态系统类型的转变对于土壤碳收支的影响研究还较少，无论是研究深度还是系统性方面，均显不足。我国处于经济高速发展时期，大面积土地开发、城镇化进程所引起的土地利用变化和大规模的产业转型等必将对全球碳循环产生重大影响。所以，我国土地利用方式转变主导的碳循环过程对全面理解陆地碳循环与减缓大气 CO_2 浓度升高具有重要意义。开展土地利用变化中土壤碳库研究，并深入分析土地利用变化对陆地生态系统碳平衡的影响，是当前甚至未来全球变化和陆地碳循环研究的重点内容。

2.3　人工林细根生长与周转

植物光合作用固定的碳有 35%～80% 被分配到地下（Ryan 等，2004），10% 以枯枝落叶的形式进入土壤（Raich 等，1989）。地下生态系统中的根系和矿物土壤形成了一个巨大的碳汇（Oliver 等，2004）。根系是连接植物与土壤的桥梁，而且作为感知土壤环境的器官，对土壤环境因子的响应十分敏感。植物根系的地下分布格局会对整个生态系统产生重要的影响，尤其是提供给植物生长所需水分和养分的细根，其空间结构不仅决定了根系对地下资源的利用效果及潜力，同时还在一定程度上决定了土壤碳储量及动态，在地下碳循环及确定地下碳库的源或汇功能中起着关键性作用（Tufekciogla 等，1999；裴智琴等，2011；魏鹏等，2013），其动态变化必然对陆地生态系统乃至全球碳循环产生深远影响。

植物根系在生态系统生产力分配中占有很重要的地位，研究结果表明，根系占生态系统总生物量的 4%～64%，因林分种类和气候、土壤而异，并且直径大小不同，根的功能迥异（Vogt 等，1996）。在大多数研究中，虽然细根（直径<2 mm）在树木根系总生物量中的比例小于 30%（Ruess 等，1996；Black 等，1998），但细根是根系中最活跃的部分，细根的生产周转需要消耗森林初级生产力的 50%～75%（Gill & Jackson，2000；Hendrick 等，1992）。细根具有巨大的表面积，生理活性强，是植物水分和养分的主要吸收器官。细根生命周期短至数天或几周（Coleman 等，1996；Black 等，1998），长至数月或一年到几年（Hendrick 等，1992）。在温带，通过细根周转进入土壤的有机物占总输入量的 14%～86.8%，大多数在 50% 以上。通过细根周转进入土壤的有机物（地下凋落物）是地上凋落物的一至数倍（Vogt 等，1996）。所以，细根死亡是有机质和养分元素向土壤归还的重要途径，细根的生长、死亡、分解在生态系统碳平衡和养分循环中起着重要的作用（McClaugherty 等，1982；Vogt 等，1996）。

细根的生长和周转是生态系统物质循环和能量流动不可缺少的环节，也是整个碳循环研究的核心问题之一。细根的垂直分布格局在很大程度上决定着土壤有机碳的垂直分布特征。它的分布与周转是决定土壤有机碳动态的重要影响因子。近几十年来，国内外对树木细根生长、周转和分解及其对土壤养分和生态系统碳平衡的影响研究日益增多（黄林等，2012；裴智琴等，2011；史建伟等，2011），并取得了丰硕的研究成果。主要集中在细根生物量、垂直分布及季节动态方面。

2.3.1　细根生物量

根据全世界不同森林生态系统 100 多个细根生物量研究资料，细根生物量大部分在 100～1000 g/m² 之间。细根生物量分别占地下部分总生物量和林分总生物量的 3%～30% 和 0.5%～10%（Vogt 等，1996；Ruess 等，1996；单建平等，1993；李凌浩等，1998；魏鹏等，2013）。对于不同的气候、森林类型、土壤类型和立地条件，细根生物量及其所占比例不同，且无较一致的变化趋势。这主要是由于细根生物量在各类型内部的变异性大，平均值未能反映影响细根生物量变化的因子（Vogt 等，1996）；同时，由于不同研究采用的细根分级标准不一，从<1 mm 到<5 mm 不等，且一些类型样本数少，有的研究未区分活细根和死细根，这些均降低了不同研究的可比性。总体来讲，从北方森林到寒温带、暖温带到热带森林，细根生物量呈增加趋势。尽管热带地区土壤有效养分贫乏，但由于热带森林有较高的光合速率（Vogt 等，1995），保证了森林生长的需要，使之维持较高的细根生物量。同一气候带内，落叶阔叶林平均细根生

物量高于常绿针叶林，但低于常绿阔叶林。

细根生物量具有明显的季节节律，主要与土壤温度及水分有关。有研究表明，生物量高峰和低峰分别出现在雨季和旱季，且细根直径越小，季节变化越明显。在温带，部分研究为单峰型，峰值出现在春季或夏秋季（单建平等，1993；Hendrick 等，1992；McClaugherty 等，1982）。也有研究为双峰型，峰值分别出现在春季和秋季，主要与土壤水分状况有关。盛夏根系停止生长通常与环境胁迫有关，如较高的温度和干旱使树木将更多的光合产物用于茎的生长。

2.3.2　细根垂直分布

树木根系的垂直分布与树种、年龄、土壤水分、养分和物理性质（通气、机械阻力等）等有关。大部分根系位于 50 cm 土层以上，且多集中于枯落物层和 10 cm 以上矿质土壤表层中（Burke & Raynal，1994；李凌浩等，1998）。细根生物量随深度增加呈指数递减。Jackson 等（1996）综合分析大量研究数据发现，北方森林根系分布最浅，而温带针叶林最深，它们在表层 30 cm 内的根系分别占 80% 和 50%。土壤温度从地表向下迅速下降是细根集中于表层的重要原因。表层丰富的养分条件也有利于细根生长。

根系分布的深浅与气温、土壤水分、养分状况以及植物物种等因素有关。此外，细根垂直分布还与耐旱性有关。干旱胁迫使细根向深土层发展，深土层细根比例增加（Persson 等，1995）。

2.3.3　细根生产与周转

根据 100 多个森林生态系统的研究结果，细根年净生产量占林分总净初级生产量的 3%～84%，大部分在 10%～60%。不同气候、森林、土壤类型变化较大，若按气候和森林类型平均，细根生产量呈现与生物量相似的变化趋势，即从北方森林到温带、亚热带至热带，细根生产量呈增加趋势。一些研究表明，针叶林分配较大比例的光合产物用于细根生产（Ruess 等，1996；Vogt 等，1986）。在不同生长发育阶段，细根生产量不同，如 Persson（1983）对 20～120 年欧洲赤松林的研究表明，细根生产随年龄增加而降低。李凌浩等（1998）对 17～76 年生甜槠林研究表明，细根生产量在 58 年时最大。

细根生命周期短至数天或几周，长至数月或 1 年。如 Black 等（1998）观测到 40% 的欧洲甜樱桃（*Prunus avium*）细根生命周期期短于 14 天，而北美云杉（*Picea sitchensis*）有 54% 的细根生命周期超过 63 天。Hendrick 等（1992）测定糖槭（*Acer saccharum*）的细根生命周期长达 5.5～10 个月。除与树木种类有关外，细根生命还受树木体内碳源-碳汇分配关系的控制，如地上部分提供的净碳量、根系生长和维持所需的碳量和根系生长的微环境因子，包括土壤养分、水分及土壤温度等。在贫瘠土地上，植物将分配更多的光合产物用于细根生产，周转加快，但细根的生命周期缩短，而肥沃立地有利于延长细根生命周期（Gower 等，2001；Pregitzer 等，1993）。在干旱胁迫下，可产生生命周期长的细根（Eissenstat 等，1997）。较高的土壤温度可增加细根生产，促进细根周转，使细根生命周期缩短（Hendrick 等，1993）。

　　细根生产和周转对土壤碳储量影响显著。细根周转形成的地下凋落物是土壤碳和养分的重要来源，通过细根的形成、衰老、死亡、分解，向土壤中分配的碳被认为是陆地碳循环和元素循环的重要组成部分（裴智琴等，2011）。在温带，细根死亡进入土壤的有机碳占总输入量（细根生产和地上枯落物输入）的 14%～86.8%，大多数在 40% 以上。Vogt 等（1986）分析表明，细根周转对土壤氮（N）和碳（C）的贡献比枯落物大 18%～58%，如果忽略细根的生产、死亡和分解，土壤有机质和营养元素的周转将被低估 20%～80%。大量测定结果表明，通过细根输入到土壤的氮量多数大于枯落物输入（李凌浩等，1998；廖利平等，1999）。

2.3.4　细根生长的主要影响因子

　　影响细根生长和周转的环境因子很多，如土壤物理性质、机械阻力、温度、湿度、光照、养分、pH 值、CO_2 浓度等（史建伟等，2011）。国内外对细根生产和周转与环境因子的关系进行了大量的研究和探讨。

　　土壤养分直接影响细根活力和碳水化合物的分配、从而影响树木细根生产和周转。Vogt 等（1993）通过收集的大量研究数据分析，发现养分状况是决定细根生物量的重要因素。研究表明，在贫瘠土地上，植物将分配更多的光合产物用于细根生产，但细根周转加快，寿命缩短。不过也有不同的观点，认为低养分环境有利于延长细根寿命，生产降低。Hendrick 和 Pregitzer（1992）认为，细根寿命与土壤养分有效性可能呈正相关，也可能呈负相关，取决于植物种类、整个植物碳平衡及养分在土壤中分布的空间异质性等。

　　土壤水分是限制植物根系生长的最主要环境因素之一。植物根系对干旱的响应多种多样，细根死亡对水分亏缺的响应很大程度上决定了植物对水分亏缺的适应能力。如柑橘（*Citrus volkameriana*）细根较耐旱，而有些植物细根对土壤干旱却非常敏感。土壤水分状况直接影响树木细根生物量、生长和周转。灌溉处理 5 年生桉树（*Eucalyptus globulus*），林分细根量在整个生长季均明显大于对照（Kaeterer，1995）。在热带和温带的许多研究均表明，细根生长的季节动态与土壤水分动态一致，生物量或生长高峰出现在雨季而低峰出现在旱季。土壤水分还影响细根垂直分布（Kaeterer，1995）。由于水分状况的差异细根生长的垂直分布在不同季节也会发生变化，如在雨水充足的春夏季，10年生火炬松细根趋于表层化，主要与上层土壤含水量高有关。

一般而言，细根生长随土壤温度的增加而增加，到达最大值后则随温度的继续升高而下降（McMiehael，1996）。根系生长的温度范围一般在5~40℃（Bowen，1996）。不同植物根系生长的最适温度不同。研究表明，提高土壤温度不但可增加总的细根量，而且使细根趋向于深土层分布。对土壤温度较低的北方森林，细根生长与土壤温度呈指数正相关（Steele等，1997；King等，1999），较高的土壤温度不但能增加细根生产，促进细根周转，缩短细根寿命，而且细根生长的物候期与土壤温度有关（Tryon等，1983）。土壤温度从地表向下迅速下降被认为是细根集中于表层的重要原因之一（Steele等，1997），同时表层较高的温度也促进了分解，增加了土壤养分，从而有利于细根生长。对许多北方土壤，低温是根系分布深度和生长的主要限制因素。土壤低温不仅降低根量和生长速率，而且使细根分枝速率下降，根系趋向于水平伸展。

此外，土壤的pH值、容重、孔隙度等土壤物理性质都会对细根的生产和周转产生一定程度的影响。在相似的土壤条件下，容重越大，土壤孔隙度越低，通气状况越差，对根系穿透的机械阻力越大。

2.4 土壤碳循环测定方法研究

2.4.1 人工林土壤有机碳库的测定

人工林碳储量的测定是研究造林活动碳源（汇）功能的基础。根系和矿物土壤是一个巨大的碳汇（Oliver等，2004）。它不仅是目前生态学过程研究中的"瓶颈"，也是生态系统功能研究中最不确定的因素（Copley，2000；贺金生等，2004；周庆等，2007）。土壤碳储量一般通过分层采集一定深度（IPCC规定为0~40 cm）的土样，对土壤有机碳密度进行测定，同时测定土壤容重，来获得单位面积上一定深度的土壤碳储量（Michael & Dan，1998）。十多年来，国内外已开展了一些造林与碳源汇功能的测定和研究。但大多数研究侧重于地上部分，对土壤碳汇的估算比较欠缺，且研究缺乏系统性，研究评价方法不统一，缺乏可比性（张小全等，2004；刘迎春等，2019）。此外，土壤碳储量的测定往往忽略了不同林地类型土壤容重的差异，从而引起一定的评估误差（吴建国等，2004）。

根系生物量的测定较为困难，主要有收获法、异速生长法、钻土芯（块）法和微根区管法（黄建辉等，1999）。在大多数研究中，细根一般指直径小于 2 mm 的根（Vogt 等，1996；Ruess 等，1996；Black 等，1998）。森林细根的生长和周转速度存在较大差异，细根生命周期短至数天或几周（Coleman 等，1996；Black 等，1998），长至一年或几年（Hendrick 等，1992）。这为细根生产力的准确估算带来挑战。通过细根周转进入土壤的有机物是地上凋落物的一至数倍（Vogt 等，1996）。在温带，通过细根周转进入土壤的有机物（地下凋落物）占总输入量的 14%～86.8%，大多数在 50%以上。所以，细根死亡是有机质和养分元素向土壤归还的重要途径，细根的生长、死亡、分解和周转在生态系统碳平衡和养分循环中起着重要的作用（McClaugherty & Aber，1982；Vogt 等，1996）。但死亡细根向土壤的碳输入很难精确估算。

2.4.2　人工林土壤碳排放的测定

土壤呼吸作用是除植被冠层光合作用外，陆地碳收支中最大的通量，约占生态系统呼吸的 60%～90%（Schimel 等，1994）。国内外科学家已就土壤呼吸的观测方法与影响因子等方面开展了大量研究，取得了较大进展，增进了对土壤呼吸作用和土壤碳库动态及影响机理的认识。

20 世纪 60 年代以后，有关土壤呼吸研究再度兴起，而且由于测量方法的改进、测量仪器的改善以及相关因素的综合考虑，观测精度也得以提高。特别是近年来，随着全球气候变化研究成为科学界和公众关注的热点之一，二氧化碳作为一种重要的温室气体，其源、汇及通量的精确测定得到了格外的重视。常用的土壤呼吸测定方法主要静态气室法（Anderson，1982）、密闭气室法（Raich 等，1990）、红外气体分析法（IRGA）（Fang 等，2001）和涡度相关法（Wofsy 等，1993）等。对各种测定方法的比较研究表明，不同方法的测量值存在很大的差异（Freijer 等，1991；Rochette 等，1997）。一般认为红外气体动态法能较好地测定土壤呼吸的真实速率。由于各种仪器覆盖的土壤面积以及所需的气体采样时间不同，使得所取得的资料难以进行比较，从而造成了土壤呼吸作用影响因子与模拟模型的不确定性（周广胜等，2002，2008）。

土壤呼吸作为一个复杂的生物学和非生物学过程，受多种因素的影响，如土壤温度、土样含水率、有机质的含量、土壤的容重、孔隙度等，同时植被及人为因素如森林砍伐、翻土等因素都有影响。因而使得土壤呼吸一方面具有某些规律性，另一方面又表现出不规则的变化，显示出复杂的时空异质性。在诸多因子中，首先是温度和水分的影响。温度是影响土壤呼吸作用的主要因素，许多研究表明，土壤呼吸与土壤温度呈正相关，描述这种关系所用的模式主要有指数函数关系式（Singh & Gupta，1977；Raich & Schlesinger，1992）。森林土壤呼吸一般随土壤湿度的增大而增加，在接近田间持水量的一定范围内，土壤呼吸量最高。当土壤水分在饱和或永久萎蔫点以下时，呼吸作用停滞（Davidson 等，2000）。土壤湿度一般与土壤温度共同对土壤呼吸起作用，土壤呼吸的大部分变化可由土壤温度和水分共同解释（Xu 等，2001；Rey 等，2002；Maier & Kress，2000）。Rey 等（2002）等在栎树矮林研究中指出，温度和湿度共同解释土壤呼吸年变化的 91%。Xu（2001）观察到温度和湿度共同解释了针叶林土壤呼吸变化的 89%。

土壤呼吸主要由微生物和土壤动物的异养呼吸作用及根系的自养呼吸组成（Raich，1992；Bond-Lamberty 等，2018）。根系呼吸与微生物呼吸对环境变量（主要是土壤温度）的响应和适应性不同，在全球变暖的大背景下，它们在不同的时间尺度上可能有不同的碳通量变化格局（马志良等，2018）。光合碳的供应是影响根系呼吸的首要因子，而微生物呼吸的基质主要来源于土壤活性碳（Högberg 等，2001；Bond-Lamberty 等，2004；Kirschbaum，2006）。所以，土壤呼吸及其组分的分离和量化已经成为碳循环和全球变化研究中的一个重要内容。

近年来，区分自养呼吸和异养呼吸的研究逐渐增加。区分方法主要有根移走法和壕沟法。Edwards（1991）用根移走法发现松树林的根系呼吸占土壤总呼吸的 54%～78%。Wiant（1967）也用该方法测量了 29 年的混交林，发现根系呼吸占土壤总呼吸的 45%～60%。壕沟法是在选定的样方内首先测量土壤总呼吸，随后在样点边缘开沟，将样地中的根与外界切断，而不将根移走，同时用隔离物将样点与周围环境隔开。一定时间（约 3 个月）后样点内的根系死亡分解，最终稳定时测定的土壤呼吸速率即为异养呼吸速率。Ewel 等（1987）用该方法测得不同树龄湿地松根系呼吸占土壤总呼吸的比例为 51%～62%。该方法与根移走法相比，对土壤的扰动相对较小，最大缺点是残留在样地内的死根分解有可能使根呼吸的估计偏低。此外还有林窗分析法、同位素法等（易志刚等，2003）。

森林的净生态系统生产力是植被和土壤的碳吸收与土壤异养呼吸之间的平衡（Bond-Lamberty 等，2018；方精云等，2006）。土壤异养呼吸是估算整个生态系统固碳潜力的重要参数。异养呼吸在总土壤呼吸中所占的比例变化很大，约在 10%～90% 之间，随不同森林类型和不同生长阶段而异（Hanson 等，2000）。

虽然近年来，区分自养呼吸和异养呼吸的研究逐渐增加（Bond-Lamberty 等，2004），但到目前为止，关于人工林异养呼吸及其生物与非生物控制因子的研究相对较少，作为全球减排增汇的主要贡献者，我国人工林土壤呼吸组分的量化研究比较少见。

综上所述，在新的发展阶段，固碳效益为新型人工林经营模式所追求的主要目标之一，如何调整森林经营管理措施以实现更大"碳汇"潜力是林业上亟待解决的技术难题。人工林是处于人为调控下的生态系统类型，主要经营措施如树种选择、轮伐期和施肥等是影响人工林土壤碳排放的重要因素。因为这些人为因素可以直接或间接地改变土壤温度、水分、土壤结构和微生物种群等影响土壤碳循环的因子。加强经营措施对土壤碳循环的影响机制研究，对实现人工林的固碳减排目标具有重要意义。

第**3**章

杨树人工林的土壤碳循环

土壤碳排放（土壤呼吸）是陆地生态系统的第二大碳通量，在全球碳循环中起着举足轻重的作用（Houghton，2020）。据估计，温带森林中，约70%的生态系统碳排放来自土壤。全球范围内，每年土壤碳排放（以碳元素计）可达 50～75 Pg（Raich & Schlesinger，1992），土壤呼吸释放的 CO_2 是化石燃料燃烧释放的 10 倍以上（Schlesinger & Andrews，2000）。因此，土壤呼吸无疑是加剧温室效应的一个重要因素，而全球气候变暖和随之而来的土壤温度上升，可能导致土壤呼吸作用的进一步加强（Crowther 等，2016）。这种潜在的正反馈效应会促进土壤的碳排放。虽然近年来，有研究表明，土壤呼吸随土壤温度上升的过程中会产生一定的适应性，对土壤呼吸起抑制作用（沈瑞昌等，2018），但目前还存在一些争议。

近年来，许多国家将通过植树造林来抵消本国的碳排放，以满足《巴黎协定》的要求。人工林固碳被认为是一个真正的"双赢战略"和"降低大气 CO_2 浓度的最有前途的选择"（Lal，2005）。因此，人工林尤其是短轮伐期人工林对全球碳循环的影响越来越显著（Montagnini & Porras，1998；Gielen 等，2005）。我国杨树人工林无论是种植面积还是蓄积量均居世界首位。在执行六大林业重点工程以来，杨树成为速生丰产林工程的主要造林树种之一（Fang 等，2006）。杨树是温带最速生的树种之一，在气候、灌溉和养分适宜的条件下，杨树生产力可达 20～25 t/(hm^2·a)（Heilman 等，1994），尤其在中幼龄阶段生长迅速（Ceulemans & Isebrands，1996）。所以，杨树人工林在固碳效率方面拥有独特优势。然而，大多数对杨树的研究局限于地上部分，对地下部分的生态过程尤其是土壤碳动态方面所知甚少（Heilman 等，1994；Pregitzer & Friend，1996；Joshi 等，1997；Coleman 等，2000；Fang 等，2006），极大地限制了对杨树人工林净固碳量的准确评估。

人工林是处于人为调控下的生态系统类型，主要经营措施是影响人工林土壤碳平衡的重要因素，因为这些人为活动可以直接改变土壤的温度、水分、土壤结构和微生物种群等影响土壤碳循环的因子。研究表明，不同林龄的人工林碳密度存在较大差异，而树龄也是决定其碳排放的重要因素（李奇等，2018）。在一个轮伐期内，杨树人工林的固碳效率会随着生长速率变化而发生改变。此外，品系选择、灌溉和松土等管理措施也必然对土壤碳循环产生影响。本研究通过测定不同树龄、品系和土壤水分条件下，杨树人工林的土壤呼吸速率，旨在揭示管理措施对土壤碳库的影响和调控作用，为增强人工林的土壤固碳功能提供科学依据。

3.1 研究区概况与研究方法

3.1.1 新疆伊犁——杨树人工林培育的沃土

新疆伊犁地区是杨树的适生区，天然分布的杨树有：胡杨、欧洲山杨、硬叶杨、伊犁杨等，人工栽培的乡土树种有：新疆杨、箭杆杨、银白杨等十几种（赵天锡等，1994）。20 世纪 80 年代以来，开展了杨树杂交无性系造林实验，培育了众多性能优良的杨树品种（刘平等，2003），如伊犁地区选育的大叶钻天杨品种，8 年生树高可达 22.6 m，胸径达 29.9 cm，每亩年产木材可达 3.6 m^3。伊犁河流域光照充分，光能资源十分丰富，4~9 月辐射通量达 6280 MJ/m^2，能被植物利用的生理辐射通量平均为 4525.7 MJ/m^2，年日照时数约为 2781 h。伊犁是新疆水资源最丰富的地区，地表水资源总量达 2.284×10^{10} m^3，占全疆的32.6%，充足的水热资源为森林繁育提供了天然的优越条件。

本研究区位于伊犁州林业局所属的平原林场（81°09′E，43°45′N），这里是我国西北地区杨树杂交无性系造林实验中心，约有杨树人工林 345 hm^2。该地区属大陆性半干旱气候，温和湿润，光热资源丰富。年平均温度为 6.7~9.9℃，一月份和七月份平均温度分别为-12.2℃和 22.7℃，年均降水量为 203.8mm，无霜期约 162 d，年日照时数为 2800 h，地势平坦，坡度一般在 0.4%左右。平均海拔为 600 m。土壤类型为沙壤土（表 3-1），有机质含量约 2.9%，pH 值约为 8~8.5。林场地处伊犁河畔，虽降水偏少，但伊犁河丰富的水资源为杨树人工林提供了源源不断的水分供应。由于林场采用的松土和除草等管理措施，杨树人工林下仅有一些低矮草本，如苔草（*Carex liparicarpos*）、雀麦（*Bromus japonicus*）和芨芨草（*Achnatherum splendens*）等，分布较稀疏。

表 3-1　研究地土壤基本性质

有机碳/ /(g/kg)	全氮/ /(g/kg)	有效磷 /(mg/kg)	机械组成				容重/ /(g/cm²)
			<0.002 mm	0.02～ 0.002 mm	0.25～ 0.02 mm	>0.25 mm	
16.1	1.53	7.41	27.7%	34.6%	35.2%	2.05%	1.22

3.1.2　样地设置与实验设计

2007 年 4 月，选取长势好的大叶钻天杨（*Populus balsanifera*），分别在其 2 年、7 年和 12 年林龄的林地设置样地，各林地特征见表 3-2。人工林的株行距为 3.0 m×4.0 m。每个龄级设 3 个重复样地，各样地设 6～8 个土壤呼吸圈（内径 10 cm，高 6 cm 的 PVC 环）。其中 3 个在树的基部，另外 3～5 个在行距的中间位置。将 PVC 环平放压入土中 2 cm 左右，剪去环内所有植物的地上部分，并保证实验期间环内没有绿色植物，砸实外圈土壤以防漏气。样地远离人工林边缘以避免边缘效应。

表 3-2　不同树龄杨树人工林林地特征

参数	2 年	7 年	12 年
树高/m	8.27±0.8	18.52±0.6	19.31±0.8
胸径/cm	9.04±1.1	17.48±1.4	20.88±1.7
密度/(株/hm²)	833	833	833
粗根/(t/hm²)	0.75±0.3	1.32±0.4	4.34±0.8
pH	8.30±0.02	8.34±0.01	8.35±0.01

注：数据为平均值±标准误差。

伊犁州平原农场自 20 世纪 60 年代开始引进杨树品种。20 世纪 80 年代以来，共引入或培育六百多个杨树无性系品种。根据品系的生长速率、木材产量和适应性，选择性能优越的杨树品种用于植树造林活动。本研究选择生长良好的 3 个杨树品种，分别是：黑杨（*P. deltoides*）、大叶钻天杨（*P. balsamifera*）和沙兰杨（*P. × euramericana*）作为研究对象。3 个不同品种人工林有相似的土壤类型、坡度和土地利用历史（造林前均为农地），且造林后的管理措施基本相同。人工林株行距均为 3.0 m×4.0 m。2007 年 4 月，分别在 3 个不同品种人工林设置样地，每个品种设 3 个重复，各林地特征见表 3-3。

表 3-3　不同品种杨树人工林的林地特征

参数	黑杨	大叶钻天杨	沙兰杨
盖度/%	95	90	95
树高/m	23.8	18.5	23.7
胸径/cm	23.9	17.5	22.3
粗根/(t/hm^2)	1.05	1.32	1.09
pH	8.32	8.36	8.39

　　为了解土壤水分对土壤呼吸的影响，设置 3 个水分梯度，分别为未灌溉林地、正常灌溉林地和过度灌溉林地，同时在这 3 种人工林内设置样地，以便进行对比分析。林场在 2007 年生长季初期进行过松土除草，随后在已松土除草林地设置样地，设置方法同前。

3.1.3　土壤呼吸测定

　　采用 Li-6400 光合仪携带的土壤叶室观测土壤呼吸速率。第一次测量在放置土壤环 48 h 之后，并保持土壤环在整个测定期间位置不变。在生长季，因部分样地每月灌溉一次，观测在浇水约一周后进行。观测均选择在晴朗无风日进行，以减小测量误差。在 2007 年和 2008 年生长季（5—9 月份），每月测定土壤呼吸速率。每次测量时间为 8:00—20:00（当地时间），平均 2 h 观测一次。其中 7 月份为连续 24 h 观测。同时利用 Li-6400 光合仪所携带的温度探头观测不同深度土壤温度（5 cm、10 cm 和 15 cm）。

3.1.4　样品采集测定

　　在 2007 年七八月份，在每个样地随机挖 2 个 1.0 m×1.0 m，深度为 50 cm 的土柱（因杨树为浅根型，此深度基本包含大部分根系），收集所有根系（>2 mm）。在距每个样地边界 2～3 m 处，随机挖取 3 个土壤剖面，剖面深度为 40 cm。用土壤环刀（100 cm^3）分层（0～10 cm、10～20 cm 和 20～40 cm）取土样，然后去除环刀内的植物根系和石砾，在 105℃烘干 24 h 后，称重并计算土壤容重。在生长季，每次观测完毕后，采集测点附近 0～10 cm 深度土样，在 105℃下烘 24 h 到恒重测定土壤含水量。同时每层取土约 500 g，土样装入样品袋，用于土壤性质测定。

　　土壤有机碳用重铬酸钾氧化-外加热法测定，全氮用半微量凯氏法测定，pH 值采用电位法（土水比 1∶2.5）测定。有效磷采用硫酸-高氯酸消化，钼锑抗比色法；速效钾采用硫酸-高氯酸消化，火焰光度法测定。

用内径 8.0 cm 的土钻在每个土壤圈附近随机钻取 0～40 cm 土芯。把土样放在土壤套筛上，用自来水浸泡、漂洗，拣出直径 <2 mm 的细根。根据外形、颜色、弹性、根皮与中柱分离的难易程度区分活根与死根。根样在 80℃ 下烘干至恒重后，用电子天平（±0.01 g）称重，计算细根现存量。

3.1.5　数据分析

统计分析用 SPSS15.0 软件进行。使用方差分析检验土壤呼吸、细根生物量及土壤温度等参数在不同处理方式之间差异的显著性。采用非线性回归和多元逐步回归拟合呼吸速率与根系生物量、土壤温度及其它因子的变化规律。用 Pearson 相关分析土壤呼吸与细根生物量、土壤等因子的相关关系。显著性水平为 $\alpha=0.05$ 或 $\alpha=0.01$。图形采用 SigmaPlot 10.0 软件绘制。土壤呼吸与相关因子的拟合模型如下：

指数模型　　　　　　　　　　$SR=ae^{bT}$　　　　　　　　　　　（3-1）

土壤呼吸的温度适应性为温度每升高 10℃ 土壤呼吸的变化率。采用 Q_{10} 值表示如下：

$$Q_{10}=e^{10b} \qquad\qquad （3\text{-}2）$$

线性模型　　　　　　　　　　$SR=c+dSWC$　　　　　　　　　（3-3）

式（3-1）～式（3-3）中，a、b、c、d 为拟合参数；T 为 5 cm 土壤温度；SWC 为 0～10 cm 土壤水分。

根据 Xu & Qi（2001）的研究结果，上午 9:00～11:00 之间的土壤呼吸速率基本上可以代表全天的平均值，所以在表征土壤呼吸空间异质性时，采用 10:00 左右的土壤呼吸观测值进行分析，以排除时间变化对土壤呼吸空间变异性的干扰。土壤呼吸空间异质性采用变异系数（CV）表示。

3.2　土壤呼吸的时间变化规律

3.2.1　不同树龄人工林土壤呼吸的季节变化

在整个生长季，2 年、7 年和 12 年生杨树人工林（林地特征见表 3-2）的平均土壤呼吸速率分别为 5.74 μmol/(m²·s)、5.10 μmol/(m²·s) 和 4.71 μmol/(m²·s)。3 个不同树龄人工林的土壤呼吸呈明显的季节变化。从 5 月份开始，土壤呼吸速率随着土壤温度上升而增强，一直持续到 7 月底出现峰值，之后在 9 月份土壤呼吸速率明显下降（图 3-1）。在 5～9 月的生长期内，2 年、7 年和 12 年生杨树人工林的土壤呼吸速率的变化范围分别为 3.92～7.69 μmol/(m² ·s)、3.57～7.52 μmol/(m² ·s)和 2.63～7.32 μmol/(m² ·s)。方差分析表明，树龄对土壤呼吸速率影响显著（$P=0.004$），2 年生人工林的平均土壤呼吸最大。土壤呼吸作用随树龄呈现下降趋势，10 年后约降低 18.1%。

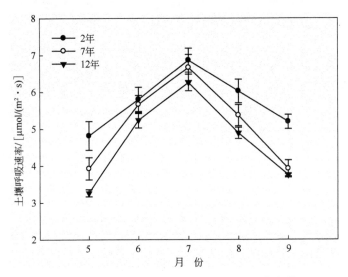

图 3-1　不同树龄人工林土壤呼吸的季节变化

在整个生长季，2 年、7 年和 12 年生杨树人工林的 5 cm 平均土壤温度分别为 24.35℃、22.62℃和 20.38℃，2 年生幼林的冠层郁闭度最小，土壤温度最高（图 3-2）。5 cm 土壤温度的日变幅分别为 18.13～26.90℃、18.27～25.47℃和 18.90～22.05℃，可见 2 年生幼林的日变幅最大。10 cm 和 15 cm 的土壤温度与 5 cm 土温有大致相同的变化趋势，但变化幅度略小。在生长季，因所有样地每月灌溉一次，所以土壤水分比较充足，基本能满足杨树的生长需要。2 年、7 年和 12 年生杨树人工林的 0～10 cm 平均土壤含水量为 27.6%、23.2% 和 26.1%（图 3-3）。ANOVA 分析表明，树龄对土壤温度影响显著（$P<0.05$）。杨树人工林的细根生长有明显的季节节律，表层细根生物量的季节变化更为明显（图 3-4）。

相关分析表明，土壤呼吸速率与土壤含水量相关不显著（$P>0.05$）。Moncrieff 等（1999）认为，土壤含水量小于 15% 或大于 35%，都可能抑制土壤呼吸作用。本研究的土壤含水量在 23.2%～27.8%之间，且波动较小，所以，土壤含水量不是土壤呼吸的限制因子。

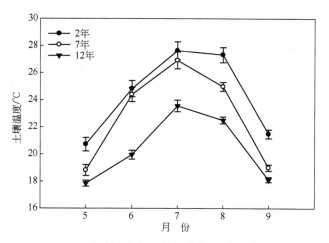

图 3-2 不同树龄人工林的土壤温度季节变化

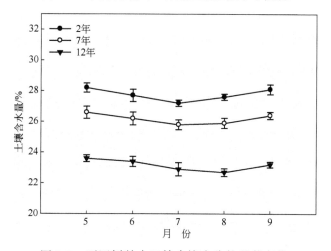

图 3-3 不同树龄人工林土壤水分的季节变化

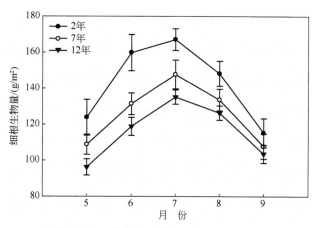

图 3-4 不同树龄人工林细根生物量（0～10 cm）的季节变化

总体来说，3 个不同树龄人工林的土壤呼吸有大体一致的季节变化规律，7月份最大，5 月份最小。在季节尺度上，土壤呼吸与表层土壤温度的季节变化紧密相连。同时，其它生物因子如细根生长节律、光合速率和地下碳分配的变化均可以影响土壤呼吸的季节变化。本研究中细根的季节变化与土壤呼吸的季节变化基本保持同步（图 3-4）。5 cm 土壤温度大致能解释土壤呼吸变化的 73%～77%，土壤温度是影响土壤呼吸速率的主要因子（图 3-5）。土壤呼吸速率随表层土壤温度呈现指数增长，主要是由于表层的细根量多且表层的土壤有机碳含量较高所致，并且土壤温度升高有利于土壤微生物生理代谢活动的增强，导致土壤有机碳的分解加快。长期以来，土壤呼吸速率与表层土壤温度的指数关系已得到广泛验证和认同（Winkler 等，1996；Divadson 等，1998；Kang 等，2003；Jia 等，2006；马志良等，2018）。在全球变暖的大背景下，土壤温度升高极有可能导致土壤碳排放增加，而土壤碳排放增加有可能导致温度的进一步升高。本研究表明，2 年、7 年和 12 年生杨树人工林的 Q_{10} 分别为 1.54、1.62 和 1.86，意味着气候变暖 10℃，碳排放量将增加 1 倍多。所以，全球变暖对土壤碳排放的影响效应是生态系统碳循环的关键内容之一。

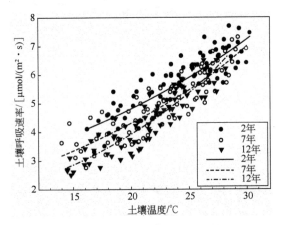

图 3-5　不同树龄人工林土壤呼吸与土壤温度的相关性

3.2.2　土壤呼吸速率的日变化

3 个不同树龄人工林的土壤呼吸日变化均呈单峰曲线（图 3-6～图 3-8）。土壤呼吸速率峰值一般出现在 16:00 或 18:00，最低值出现在凌晨 6:00。这种变化规律与表层土壤温度的变化规律基本一致。土壤呼吸的日变化幅度在 0.35～2.56 μmol/(m² ·s)之间，2 年生幼林的日变化幅度最大，这与其 5 cm 土壤温度变化幅度相一致。

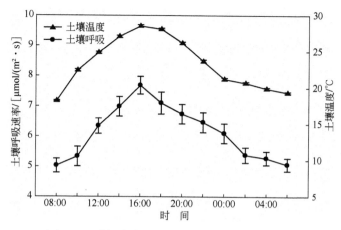

图 3-6 两年生人工林土壤呼吸及温度日变化

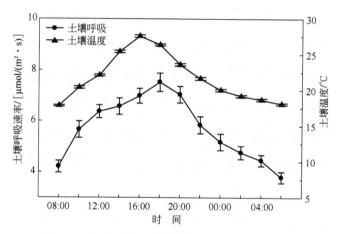

图 3-7 七年生人工林土壤呼吸及温度日变化

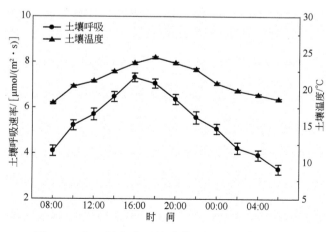

图 3-8 十二年生人工林土壤呼吸及温度日变化

　　3 个不同树龄人工林的土壤呼吸有大体一致的日变化规律，并与表层土壤温度的日变化紧密相连，体现了它们之间在日尺度上的相关关系。土壤呼吸的日变化幅度随季节发生改变，其在春季最大，然后逐渐减小。这可能是由于在生长季的开始阶段，表层土壤升温明显，只有表层土壤温度能满足植物生长需要。因此，生物的代谢活动主要受制于表层土壤温度，而该层的日波动幅度最大，所以土壤呼吸速率的日变化幅度也较大（Rayment 等，2000）。在生长季的末期，表层土壤温度下降迅速，土壤呼吸速率主要与较深层的生物代谢有关，而深层的土壤温度日波动幅度很小。

3.3　树龄对人工林土壤呼吸的影响

3.3.1　不同树龄人工林土壤性质及根系的差异

　　3 个不同树龄人工林的土壤容重随土壤深度增加而增加，0～10 cm 的土壤容重平均为 1.22 g/cm^3（表 3-4）。且土壤容重随树龄增加，但差异不显著。不同树龄和不同土壤深度的 pH 值，变化范围非常小，在 8.29～8.36 之间。0～40 cm 的土壤有机碳含量从 2 年生林地的 14.9 g/kg 下降到 12 年生林地的 14.3 g/kg，差异不显著（$P>0.05$）。土壤 N 含量变化甚微（表 3-4）。

表 3-4　不同树龄人工林的土壤理化性质及细根生物量

土壤深度 /cm	树龄 /a	土壤碳含量 /(g/kg)	土壤氮含量 /(g/kg)	活细根生物量 /(g/m²)	容重 /(g/cm³)
0～10	2	17.28±0.13	1.58±0.01	115.5±5.2	1.23±0.05
	7	16.87±0.10	1.62±0.02	80.1±4.6	1.21±0.03
	12	16.76±0.11	1.66±0.01	40.4±3.2	1.20±0.04
10～20	2	15.51±0.12	1.31±0.01	95.4±5.6	1.25±0.06
	7	14.68±0.17	1.29±0.01	70.6±5.1	1.24±0.04
	12	14.48±0.15	1.27±0.02	37.4±4.2	1.23±0.03
20～40	2	12.18±0.18	1.12±0.01	61.2±5.4	1.28±0.05
	7	11.52±0.12	0.99±0.02	54.6±4.5	1.27±0.03
	12	11.75±0.11	0.92±0.01	30.8±4.2	1.25±0.03

　　注：数据为平均值±标准误差。

细根有明显的季节生长变化规律，2 年、7 年和 12 年生林地 0～10 cm 细根生物量从 5 月份的 123.9 g/m^2、108.9 g/m^2 和 96.3 g/m^2 增长到 7 月份的 167.1 g/m^2、147.7 g/m^2 和 135.2 g/m^2，然后在秋季急剧下降。在 2 年生林地，78.2% 的细根为颜色更浅、直径更小的活根；而在 12 年生林地，66.1% 的细根为死根或衰老根。

3.3.2 树龄对人工林土壤呼吸的影响机制

为了定量描述土壤呼吸速率与相关因子的关系，在土壤呼吸速率与 5 cm 土壤温度（T）、0～10 cm 细根生物量（Bf）、土壤含水量、土壤碳含量、土壤氮含量、pH 和土壤容重之间进行逐步回归分析，回归方程及相关性见表 3-5。结果表明，5 cm 土壤温度和 0～10 cm 细根生物量是重要的影响因子，共同解释 78%～84% 的土壤呼吸变化。

表 3-5 不同树龄人工林土壤呼吸与相关因子的相关性

树龄/a	回归模型	相关系数 R^2	F 检验值	P 检验值
2	$SR=-0.051+0.206T+0.012Bf$	0.784	143.76	$P<0.01$
7	$SR=-0.330+0.193T+0.014Bf$	0.826	130.67	$P<0.01$
12	$SR=-2.042+0.197T+0.017Bf$	0.841	94.81	$P<0.01$

注：SR—土壤呼吸速率；T—5 cm 土壤温度；Bf—0～10 cm 细根生物量。

在森林土壤碳循环研究中，时间序列方法得到广泛应用（Yanai 等，2003；Wiseman 等，2004）。在本研究中，考虑到当地杨树人工林的轮伐期一般为 10 年左右，所以选取树龄为 2 年、7 年和 12 年生的人工林作为研究对象，分别代表杨树人工林的三个典型生长阶段。通过分析可知，土壤呼吸速率随树龄增长呈现明显的下降趋势，这与以前的一些研究结果相一致。Joshi 等（1997）的研究表明，幼年杨树的土壤呼吸速率为 239 mg/(m^2·h)，并随树龄增长明显下降（$P<0.01$）到 169 mg/(m^2·h)。Tedeschi 等（2006）发现经过矮林作业后的橡树林土壤呼吸速率随树龄增长而下降。Klopatek（2002）发现在生长季 40 年的花旗松，其土壤呼吸速率远低于 20 年花旗松的土壤呼吸速率。

土壤呼吸速率随树龄增长而下降的趋势可能与光合产物的地下分配模式有关。在中幼龄阶段，植物为了保证其快速生长对土壤养分和水分的大量需求，往往把较大部分的光合产物分配到地下，以促进根系生长与周转，来最大限度地扩大根系吸收面积。研究表明成熟阶段的杨树，其根系生物量一般占总生物量的 25%～35%（Heilman 等，1994；Pregitzer & Friend，1996），而在幼龄阶段，该比例可达 63%（King 等，1999；Yin 等，2004）。根据 Dickmann 等（1992）的研究，杨树分配到地下的干物质比例随树龄增长而下降，1 年生杨树的根冠比大于 3 年生杨树。一般认为地下碳分配比例在林地郁闭后会逐渐减小（Wilson，1988）。因此主要依赖地上光合同化碳的根系呼吸强度也会随树龄下降。而根系呼吸是土壤呼吸的重要组成部分，约占 50%，根系呼吸减弱必然导致总的土壤呼吸速率减小。

此外，幼林根系有较活跃的生理代谢活动和较高的周转速率。按照 Block 等（2006）的研究，2 年生杨树人工林的细根周转速率为每年 3.5～4.1 次，而 Coleman 等（2000）研究发现 12 年生杨树人工林的细根周转速率仅为每年 0.42 次。这可能是因为随着树木逐渐成熟，大部分碳水化合物分配到树干部分，有利于蓄积量的增加，而分配到根部的能量减少（Block 等，2006）。另外，树木在不同生长阶段根系生产力与代谢活性的差异也是造成土壤呼吸强度变化的一个重要原因。

林地的郁闭度能在一定程度上影响土壤温度与水分。本研究中，成熟林的土壤温度在春季回升缓慢，且在整个生长季均低于其它林地，这很可能与其最大的冠层盖度有关。McCarthy 等（2006）发现，郁闭度能显著改变土壤温度和湿度。郁闭度为 60% 林地的土壤温度与水分均高于郁闭度为 100% 的林地。这是因为郁闭度小，林下土壤接收到的太阳入射光较强，并且小冠层的蒸腾耗水量较小，有利于保存土壤水分（Tanaka 等，2006）。比较而言，2 年生杨树人工林的在整个生长季的土壤温度最高，土壤含水量最大，这都有利于微生物异养呼吸作用，从而增加总的土壤呼吸强度。

总之，土壤呼吸及其时间动态在不同生长阶段表现出较大差异。杨树在幼林阶段，高的土壤呼吸速率与其快速生长和根系活跃的生理代谢活动和较高的周转速率密切相关。在成熟阶段，根系的生理代谢活动和周转速率均明显下降。5 cm 土壤温度和 0～10 cm 细根生物量是土壤呼吸速率的控制因子，共同解释 82% 的土壤呼吸变化。在土壤水分充足的条件下，土壤呼吸的季节变化取决于表层土壤温度和细根生物量的季节变化节律。

3.4　杨树品种对人工林土壤呼吸的影响

3.4.1　不同品种人工林土壤呼吸的时间动态

在整个生长季，3 个杨树品种（林地特征见表 3-3）的土壤呼吸有大概相同的季节变化规律，从生长季初期开始逐渐增大，在 7 月份达到峰值，然后在生长季末期急剧下降（图 3-9）。黑杨、大叶钻天杨和沙兰杨在生长季的平均土壤呼吸速率分别为 4.75 μmol/(m² ·s)、5.13 μmol/(m² ·s) 和 4.35 μmol/(m² ·s)。它们在生长季的波动幅度分别为 3.48～6.60 μmol/(m² ·s)，3.51～7.51 μmol/(m² ·s) 和 2.56～6.69 μmol/(m² ·s)。方差分析表明，3 个品种的平均土壤呼吸速率差异显著（$P < 0.05$）。

3 个不同品种人工林的土壤呼吸日变化均呈单峰曲线（图略）。土壤呼吸速率峰值一般出现在 16:00，最低值出现在凌晨 6:00。这种变化规律与表层土壤温度的变化规律基本一致。土壤呼吸的日变化幅度在 0.46～1.73 μmol/(m² ·s) 之间，7 月份的日变化幅度最大，9 月份最小，日变化幅度大小与土壤呼吸速率成正相关。

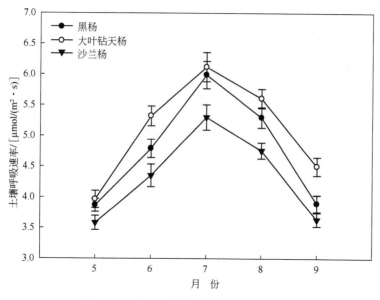

图 3-9　不同品种土壤呼吸的季节变化

3.4.2　不同品种人工林土壤环境因子的差异

三个杨树品种黑杨、大叶钻天杨和沙兰杨人工林在生长季的平均 5 cm 土壤温度为 20.12℃、22.62℃ 和 19.94℃，差异显著，其中大叶钻天杨人工林地在整个观测阶段的平均土壤温度最高。在生长季，由于每月灌溉一次，土壤含水量季节波动较小，3 个品种人工林的平均土壤含水量分别为 20.8%、23.2% 和 21.4%，差异不显著（$P > 0.05$）（表 3-6）。

表 3-6   三个不同品种人工林土壤性质及细根比较

参数	黑杨	大叶钻天杨	沙兰杨
土壤呼吸/[$\mu mol/(m^2 \cdot s)$]	4.75±0.16[ab]	5.13±0.20[a]	4.35±0.18[b]
土壤温度（5 cm 深度）/℃	20.12±0.38[a]	22.62±0.38[a]	19.94±0.37[a]
土壤水分/%	20.8±0.42[a]	23.2±0.41[a]	21.4±0.55[a]
有机碳/(g/kg)	13.04±0.12[a]	13.66±0.10[a]	12.31±0.09[b]
全氮/(g/kg)	1.28±0.03[a]	1.35±0.02[a]	1.12±0.02[b]
细根/(g/m²)	105.3±24.2[b]	147.7±35.7[a]	77.1±17.3[c]

注：1. 数据为平均值±标准误差；

2. 同行数据中上方不同字母 a、b、c 代表差异的显著性。

土壤呼吸的季节变化与表层土壤温度的季节变化紧密相关。指数模型表明，3 个不同品种的 5 cm 土壤温度可以解释土壤呼吸变化的 71%～84%。黑杨、大叶钻天杨和沙兰杨人工林的平均土壤碳含量（0～10 cm）分别为 13.0 g/kg、13.7 g/kg 和 12.3 g/kg，0～10 cm 土壤氮含量分别为 1.28 g/kg、1.35 g/kg 和 1.12 g/kg。0～10 cm 土层的细根生物量分别为 105.3 g/m²、147.7 g/m² 和 77.1 g/m²（表 3-6）。pH 值变动较小，在 8.32～8.39 之间。为了准确刻画土壤呼吸速率与其相关因子之间的关系，进行逐步回归分析，得回归方程如下：

$$SR=-4.59+0.455T+0.028C \qquad R^2=0.73, \ P<0.01 \qquad (3-4)$$

结果显示，5 cm 土壤温度（T）为最主要的影响因子，其次为土壤有机碳含量（C），它们可以共同解释土壤呼吸变化的 73%。

3.4.3   杨树品种对土壤呼吸的影响机制

杨树人工林除了在木材生产中的重要作用，在增加陆地"碳汇"方面也是潜力巨大（Laureysens 等，2004）。通常在杨树人工林培育中，通过适地适树（无性系）和其它灌溉施肥等管理措施，以实现人工林地上生物量和木材产量的最大化（Karacic & Weih，2006）。前人的研究表明，杨树无性系品种在气孔形态、叶形态和生长模式、光合效率和根系生长模式方面存在很大差异（Friend 等，1991；King 等，1999；Bradshaw 等，2000）。本研究也证实，3 个无性系人工林之间除生长状况、干物质分配及小气候环境等许多方面的差异外，土壤呼吸作用也存在较大差异。

在整个生长季，3 个无性系人工林的土壤呼吸速率差异显著，大叶钻天杨的呼吸作用最强，这与大叶钻天杨林地的较高土壤温度、土壤碳含量及根系生物量有关。King 等（1999）研究发现，随着温度升高，增加了杨树林细根的生产与死亡，加速了根系周转速率。而低温会抑制酶的活性，从而影响根系生长，降低根系吸收与呼吸作用。最终导致根系对碳水化合物的需求下降，可能会对光合速率产生负反馈作用（Pregitzer 等，2000）。相比之下，大叶钻天杨地上部分生长较缓慢，相应地有较小或较稀疏的冠层盖度，有利于林下土壤接受更多的入射光和土壤增温，从而为有机质分解提供了有利条件。Tanaka 等（2006）研究发现植物冠层特征可以通过改变土壤温度与水文条件来影响土壤呼吸。稠密的冠层能降低入射光强度，同时增加蒸腾耗水，导致土壤温度和含水量下降，从而降低土壤呼吸速率。杨树无性系之间有不同的枝叶生长模式，所以冠层特征也存在一定差异，这会造成各林地小气候及土壤条件的差异，反过来又会影响各个无性系人工林的生物及生态过程。

土壤异养呼吸作用实际上是土壤有机质分解的过程，土壤有机质为微生物活动提供能源（Kirschbaum，2006）。多数研究表明，土壤呼吸作用与土壤有机质含量及其组成密切相关（Gallardo 等，1994；Wang 等，2003）。土壤碳含量高，说明呼吸底物较充足，有利于土壤微生物的异养呼吸。比较而言，一方面，大叶钻天杨林地的土壤有机碳含量最高，这与它最强的土壤呼吸作用相一致。另一方面，与其它两个品系相比，大叶钻天杨地上部分生长缓慢，这可以从高生长指标得到证实。所以可以推断，大叶钻天杨分配到地下的同化碳比例要高于其它品系。根系呼吸是土壤呼吸的重要组成部分，且主要依赖于地上光合碳的输送（Högberg 等，2001），这也是大叶钻天杨土壤呼吸较强的一个重要原因。

King 等（1999）和 Swamy 等（2006）证实，根冠之间的能量分配比例在不同的杨树无性系间差异较大，且由无性系的遗传特性所决定。有研究发现，杨树根系的形态和生理特性在不同品种与不同无性系之间差别很大，且细根生产量也有较大差异（Friend 等，1991；Dickmann & Pregitzer，1992）。比较发现，大叶钻天杨的根系生物量最大，可能导致较大的根系呼吸。一般认为根系呼吸在土壤总呼吸中占有很大的比例，如在温带森林，该比例可达 50%左右（Ewel 等，1987）。所以，较强的根系呼吸作用会导致土壤 CO_2 释放量增加。

3 个杨树无性系的土壤呼吸速率均表现出明显的季节变化规律，这主要与表层土壤温度的季节变化和根系的生长节律有关。土壤呼吸速率与表层土壤温度紧密相连，说明土壤碳释放主要来源于土壤上层，因为该层的根系密集，有机质含量高，并且大量枯落物为微生物的分解作用提供底物（Dickman，1996）。逐步回归结果表明，土壤温度与碳含量是土壤呼吸速率的决定性因素，而土壤水分的影响不显著，这是因为每月的灌溉保证了土壤水分保持在一个较适宜的范围内，且季节波动小。另外根系生物量的差异也是造成土壤呼吸出现差异的原因。根系的生长与周转有利于土壤中有机质含量的增加。当土壤中的有机质含量、根系生物量、微生物活性增加时，总土壤呼吸强度就会显著增加。

3.5 松土对人工林土壤呼吸的影响

3.5.1 松土前后土壤呼吸比较

在整个生长季，松土样地与对照（未松土样地）的土壤呼吸有相似的时间变化规律，但它们的土壤呼吸强度有明显差异（以 2 年生大叶钻天杨为例）。松土样地与对照样地在生长季的平均土壤呼吸速率分别为 7.91 μmol/(m^2·s)和 6.11 μmol/(m^2·s)。配对 t 检验表明，从整个观测时段来看，松土样地的土壤呼吸速率显著高于未松土样地（$P=0.004$）。特别是在刚松过土的 2007 年 5 月份，松土样地的土壤呼吸异常偏大，比未松土样地高约 50%，随后的观测发现，两者之间的差异逐渐减小，最后大致稳定在 30%左右（图 3-10）。松土样地与对照样地在生长季的平均 5 cm 土壤温度为 20.55℃和 20.02℃，松土样地一直保持较高温度，但差异不显著。在日尺度上，松土样地在下午的温度比未松土样地高 0.58℃，晚上仅比未松土样地高 0.27℃。在生长季，松土样地与对照（未松土样地）的土壤含水量分别为 23.9%和 26.7%，松土样地偏低。

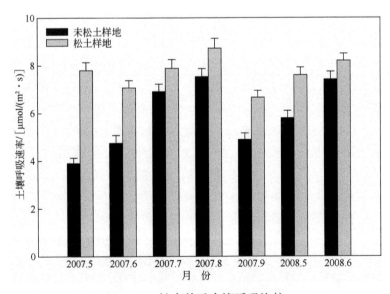

图 3-10 松土前后土壤呼吸比较

3.5.2 松土促进土壤碳排放

松土是人工林培育中常见的管理措施,一般用来改善土壤结构和去除杂草。松土可以通过改变土壤温度、水分以及土壤结构而直接影响土壤呼吸速率(Roberts & Chan,1990;Al-Kaisi & Yin,2005)。土壤被扰动后,一方面,地面积聚的枯落物被埋入土中;另一方面,土壤深层的有机碳暴露在空气中,加速了它的氧化与矿化(Elliott,1986)。并且因为失去了土壤表层的枯落物覆盖,土壤温度的变化幅度增加,本研究中松土样地的土壤升温较快,是土壤呼吸作用加强的另一个重要原因。此外扰动打破了土壤团聚体结构,有利于受保护的有机碳分解,同时土壤透气性大大增加,短期内造成土壤呼吸碳释放的急剧增加。另外大量有机质的供应,刺激了微生物的代谢活性,使分解作用增强。随着易分解的活性碳的逐步消耗,松土样地的碳释放速率逐渐减小,两个样地的土壤呼吸差异也逐步缩小。

大量研究发现,对土壤的扰动会增加土壤呼吸作用(Roberts & Chan,1990;Schlesinger 等,2000)。黄承才等(1999)对杭州西湖山区人工林翻土前后的土壤呼吸进行了比较研究,结果表明翻土对土壤呼吸的影响十分显著。农田耕作提高了土壤透气性,增加土壤有机质与空气的接触面积,增加了土壤呼吸强度(Al-Kaisi & Yin,2005)。Curtin 等(2000)发现,免耕可以增加土壤覆盖层厚度,降低土壤温度,有利于减缓土壤呼吸作用。在麦田里的对照试验表明,耕作后的土壤呼吸速率是未耕作的 2 倍(Dao,1998)。在加拿大东部农田的试验表明,使用传统耕作方法比不耕种农田的土壤呼吸量高 75 g/m^2(Fortin 等,1996)。Jabro 等(2008)对大麦的研究表明,传统的耕地方式造成的土壤碳排放量显著高于未进行耕作的农田,减小耕作强度或免耕是保护土壤碳的有效措施。

总之,对不同植被类型的研究表明,耕作对土壤呼吸作用的影响显而易见,减少对土壤的扰动可以大大降低土壤碳排放(Fortin 等,1996;Dao,1998;Curtin 等,2000),有利于土壤碳的积累。

3.6　土壤水分对土壤呼吸的影响

人工林的快速生长与源源不断的水分供应密切相关,尤其在干旱地区,水资源是人工林培育的主要限制因子。一般来说,土壤水分的充足供应是杨树人工林实现高生产力的必要条件(Ceulemans 等,1988;Puri 等,2003),杨树对水分条件的反应十分敏感。缺水时，植株很快停止生长，叶片萎蔫、发黄并脱落，以致死亡。因此灌溉是杨树人工林经营中的一项重要管理措施。研究表明，增加供水量能够显著提高杨树生物量（Karacic 等，2006）。不同供水量对我国西北地区杨树人工林的生长效应不同，人工林的生长量和蒸腾耗水量均随灌溉量增加而增大（马晖等，2004）。

水分对于植物根系和土壤微生物来说，也是至关重要的生态因子。干旱胁迫可以大大抑制根系生长和发挥正常功能（Dickman & Pregitzer，1992）。缺水可减缓根系生长速率，导致细根死亡，加速根尖栓化，抑制根系的吸收和呼吸功能（Dickman 等，1996）。土壤中溶解性有机碳是土壤微生物活动能量的主要来源，土壤水分的变化会使土壤溶液中溶解的有机碳总量发生变化。当土壤水分含量过低，土壤溶液中可溶性有机碳的扩散受到阻碍，微生物的活性必然受到抑制。

土壤水分是影响土壤呼吸作用的主要因子之一（Howard，1993）。在干旱胁迫下，土壤呼吸一般会明显下降。当土壤水分在永久性萎蔫点和田间持水力之间波动时，土壤水分的增加将会对土壤呼吸起促进作用（Keith 等，1997）。当土壤水分大于一定的生理阈限时，将导致土壤通透性变差，使得 CO_2 在土壤中的扩散阻力增大（Howard，1993）。土壤水分含量的高低对土壤孔隙的通透性有很大影响。氧气（O_2）是植物根系和土壤微生物进行有氧呼吸的必要条件，过高的土壤含水量会限制土壤中 O_2 的扩散，此时土壤处于嫌气状态，植物根系和好氧微生物的活动受到抑制（Bunnell 等，1977）。土壤有机质的分解速率降低，土壤中产生的 CO_2 减少。另外，在水分饱和的土壤中，土壤缺氧将导致根系死亡，引起根系呼吸作用减小。

土壤呼吸是植物根系和土壤微生物生命活动的集中体现，已有许多研究探讨了水分对土壤呼吸的影响机制，结果存在较大差异（Fang 等，1998；黄承才等，1999）。描述水分与土壤呼吸之间关系的模型也有很多，如线性（Davidson 等，1998；黄承才等，1999）、对数（Davidson 等，2000）、二次方程（Sotte 等，2004）和三次方程（Davidson 等，2000）等。但由于土壤水分含量与土壤温度存在交互效应，它们共同对土壤呼吸作用产生影响，因此，对水分与土壤呼吸之间关系的拟合有较大不确定性。

3.6.1 不同土壤含水量下的土壤呼吸作用

在生长季，对照样地的土壤含水量持续在 6.5%～16.3% 之间，平均为 11.8%。常规灌溉林地的土壤含水量一般保持在 12.8%～27.5% 之间，而过度灌溉林地的土壤含水量平均为 27.8%，个别样点的土壤含水量甚至超过 35%。在不同土壤含水量下，土壤呼吸强度明显不同（$P < 0.05$）。综合 3 个土壤含水量梯度进行分析，当土壤含水量小于 14.8% 时，土壤呼吸随土壤含水量的增加而明显增大，当土壤含水量在 14.8%～26.2% 之间时，土壤呼吸速率受土壤含水量的影响较小。当土壤含水量大于 28% 时，土壤呼吸速率急剧下降到 3 $\mu mol/(m^2 \cdot s)$ 以下（图 3-11）。

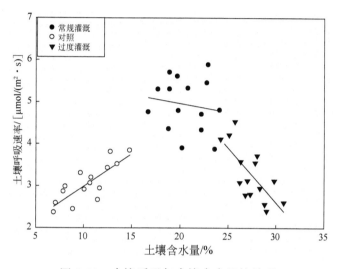

图 3-11　土壤呼吸与土壤含水量的关系

由以上分析表明，土壤含水量是控制土壤呼吸速率的重要因子。尤其在干旱地区，土壤水分供应不仅是保障人工林快速生长的限制性因子，也是影响根系生长代谢和土壤微生物活性的决定性因子。但不同水分梯度对土壤呼吸速率的影响机制与影响程度有所不同。

3.6.2　品种与土壤水分对土壤呼吸的交互作用

当 7 月份土壤温度升高时，常规灌溉林地［图 3-12（b）］的土壤呼吸速率平均为 5.80 $\mu mol/(m^2 \cdot s)$，显著高于对照样地［图 3-12（a）］与过度灌溉林地［图 3-12（c）］的土壤呼吸速率（$P < 0.01$）。在生长季，常规灌溉林地的土壤呼吸速率呈现为"单峰"曲线［图 3-12（b）］，而对照样地［图 3-12（a）］与过度灌溉林地［图 3-12（c）］的土壤呼吸无明显季节变化规律，说明这两个样地土壤呼吸速率与土壤温度的相关关系减弱。在整个生长季，对照样地、常规灌溉林地与过度灌溉林地的土壤呼吸速率分别为 2.92 $\mu mol/(m^2 \cdot s)$、4.74 $\mu mol/(m^2 \cdot s)$ 和 3.49 $\mu mol/(m^2 \cdot s)$，3 种不同处理方式之间差异显著。相比常规灌

溉林地，对照样地与过度灌溉林地的土壤呼吸速率受到不同程度的抑制。

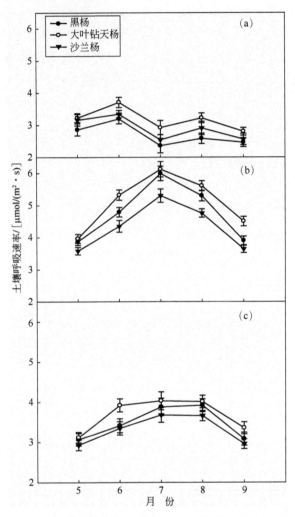

图 3-12　不同品种人工林在不同水分梯度下的土壤呼吸

　　不同品种人工林对土壤水分的变化呈现不同的响应。在对照样地，3 个不同人工林的土壤呼吸速率分别为 2.69 $\mu mol/(m^2 \cdot s)$、3.17 $\mu mol/(m^2 \cdot s)$ 和 2.90 $\mu mol/(m^2 \cdot s)$，差异不显著。当土壤水分增加时，3 个不同品种人工林的土壤呼吸速率均明显升高，其中黑杨人工林对水分变化最敏感，其土壤呼吸速率与对照相比，增加了 77.3%。而当土壤水分持续增加时，3 个不同品种人工林的土壤呼吸速率均受到抑制（表 3-7）。说明土壤水分与品系之间存在交互效应。细根生物量对土壤水分的变化十分敏感，在整个生长季，对照样地、常规灌溉林地与过度灌溉林地的细根生物量平均为 62.8 g/m^2、114.7 g/m^2 和 74.2

g/m^2，差异显著。不同品种对土壤水分的变化有不同响应，黑杨人工林对水分变化最敏感，更容易受到干旱胁迫。

表 3-7 人工林在不同水分梯度下的土壤呼吸和细根生物量

项目	杨树品种	对照林地	常规灌溉林地	过度灌溉林地
土壤呼吸速率/ [μmol/(m²·s)]	PD	2.69±0.19[c]	4.75±0.26[a]	3.47±0.22[b]
	PB	3.17±0.21[c]	5.13±0.31[a]	3.68±0.19[b]
	PE	2.90±0.23[b]	4.35±0.27[a]	3.32±0.18[b]
细根生物量/ (g/m²)	PD	53.6±8.1[c]	115.4±7.7[a]	66.1±5.3[b]
	PB	73.4±9.2[c]	128.5±8.3[a]	85.7±6.1[b]
	PE	61.2±8.6[c]	100.1±5.9[a]	70.8±5.5[b]

注：1. 细根生物量为 0～10 cm；

　　2. PD、PB 和 PE 分别代表黑杨、大叶钻天杨和沙兰杨；

　　3. 同一行数据上方不同字母 a、b、c 代表差异的显著性。

3.6.3 不同土壤含水量下的土壤呼吸模拟

利用 3.1.5 节方程式（3-1）～式（3-3），分别对土壤呼吸速率、土壤温度及土壤水分进行模拟，模拟结果见表 3-8。本研究中，由于土壤呼吸对土壤含水量的变化有不同响应，因此先分 3 个土壤含水量梯度分别进行研究（表 3-8）。在对照样地和过度灌溉林地，土壤水分能较好地拟合土壤呼吸变化（$R^2=0.66$ 和 $R^2=0.56$），而土壤温度与土壤呼吸速率相关不显著。在常规灌溉林地，土壤呼吸速率与土壤温度存在显著正相关，而与土壤水分相关不显著。为了验证土壤温度与水分的协同作用，当把所有含水量梯度下的土壤呼吸综合到一起进行拟合时，未发现土壤温度与土壤呼吸存在显著相关。这是因为在不同含水量梯度下，土壤呼吸的影响因子及影响机制有很大差异，土壤温度不是控制土壤呼吸的唯一因子。如果不考虑土壤温度，把所有含水量梯度下的土壤呼吸综合到一起进行拟合时，土壤水分的二次方程能较好地拟合土壤呼吸变化（$R^2=0.69$）。说明总体来看，土壤含水量是调控土壤呼吸的主导因子。

表3-8　土壤呼吸与土壤温度及水分的拟合模型

拟合模型	处理方式	模型方程[1]	R^2	P 值
线性模型	对照	$SR = 1.434+0.155SWC$	0.659	$P < 0.01$
	常规灌溉处理	$SR = 5.799-0.042SWC$	0.032	$P > 0.05$
	过度灌溉处理	$SR = 10.412-0.260SWC$	0.560	$P < 0.01$
指数模型	对照	$SR=0.723e^{0.039T}$	0.163	$P > 0.05$
	常规灌溉处理	$SR=1.038e^{0.078T}$	0.744	$P < 0.01$
	过度灌溉处理	$SR=0.821e^{0.045T}$	0.435	$P > 0.05$

① SWC—0～10 cm 土壤含水量；T—5 cm 深度土壤温度；SR—土壤呼吸速率。

　　对 3 个土壤含水量梯度下，土壤呼吸作用与土壤温度的模拟结果表明（图 3-13），土壤呼吸对不同范围的土壤含水量有不同的响应。随着土壤水分从萎蔫点以下一直增加到饱和点，土壤呼吸的主要影响因子及限制因子在发生变化。当土壤含水量小于 11.8%或大于 27.8%时，土壤温度的指数模型对土壤呼吸的拟合度较差（$R^2= 0.16～0.44$），说明在这样的含水量条件下，土壤含水量对土壤呼吸有明显抑制作用，而土壤温度对土壤呼吸的影响非常微弱。而当土壤含水量在萎蔫点到饱和点之间变化时，土壤呼吸随土壤温度呈显著的指数增长（$R^2= 0.74$）。说明在这个含水量范围内，土壤呼吸速率同时取决于土壤温度与土壤水分的变化。

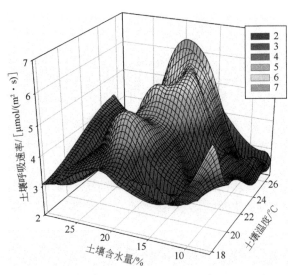

图 3-13　土壤温度与含水量对土壤呼吸的协同作用

3 个土壤含水量梯度下的 Q_{10} 分别为 1.48、2.18 和 1.57，在水分匮乏或接近饱和的情况下，土壤呼吸对温度变化不敏感。通过在不同水分条件下土壤呼吸的比较，在不同土壤水分梯度下，土壤呼吸的季节变化趋势不同。从整个生长季来说，土壤水分与土壤温度对土壤呼吸存在交互影响效应（图 3-13）。当土壤含水量在 14.8%以下和 26.2%以上时，土壤呼吸受到一定抑制，均小于常规灌溉林地，土壤水分是主要限制因子。当土壤含水量在 14.8%~26.2%之间时，土壤呼吸主要取决于土壤温度的变化。

3.6.4　土壤含水量对土壤呼吸的影响机制

水分供应是植物根系生长的先决条件，并与土壤呼吸作用密切相关（Keith 等，1997；Davidson 等，2000）。本研究中，未灌溉林地、常规灌溉林地与过度灌溉林地的土壤含水量存在明显差异，导致土壤呼吸作用对 3 个土壤含水量梯度的响应不同。当土壤含水量小于 11.8%时，土壤呼吸随土壤含水量的增加而明显增大，说明此时土壤含水量是土壤呼吸作用的主要限制因子，如在对照林地，最小土壤含水量仅为 6.5%，这大致相当于土壤的萎蔫系数，所以当土壤水分供应增加时，根系生长与几乎处于休眠状态的微生物种群被激活，土壤呼吸作用就随水分增加而加大。当土壤含水量在 11.8%~27.8%之间时，土壤呼吸速率随土壤水分变化不大，说明在这个范围内，土壤水分不是主要控制因子；相反，土壤呼吸作用随土壤温度升高而加大，说明土壤温度是主要控制因子。当土壤含水量大于 28%时，土壤呼吸速率急剧下降。28%的土壤含水量大致相当于田间持水量，显然过多水分严重抑制了根系与微生物的生理代谢活动。这与 Gaumont-Guay 等（2006）的研究结果相一致。Gaumont-Guay 等（2006）发现北方白杨林的土壤含水量是影响土壤呼吸作用的主要因子，且当表层土壤含水量超过 25%~30%时，土壤呼吸作用受到严重抑制。Raich 等（1995）也发现不同的土壤含水量梯度对土壤呼吸作用的影响程度及机制不同。

Davidson 等（2000）的研究表明，土壤水分是影响土壤呼吸的重要因素，在亚马孙河东部地区，草地和森林的土壤呼吸速率均随土壤水分增加而增加。Jabro 等（2008）认为适度灌溉增加了土壤呼吸作用，不利于土壤碳固存。总体来说，在未灌溉林地，水分短缺抑制了根系生长及根的生理活性，并在一定程度上改变根系结构及密度，加速根的栓化作用，并最终减弱了根系呼吸强度。同时土壤中的溶解性有机质是土壤微生物活动能量的主要来源，当土壤水分含量过低时，土壤溶液中可溶性有机质的扩散受到妨碍，直接抑制细菌等微生物的生理活动（Davidson 等，1998；Gaumont-Guay，2006）。在灌溉林地，土壤呼吸作用大大增加，这与根系呼吸和土壤溶液中可溶性有机质的增加有关（Curtin 等，2000）。且适度灌溉对杨树细根的生长与周转有激发作用（Pregitzer 等，1990）。土壤水分含量对土壤孔隙的通透性有很大影响，过高的土壤含水量会限制土壤中 O_2 的扩散，此时好氧微生物的活动受到抑制，土壤有机质的分解速率降低；同时 CO_2 在土壤中的扩散阻力也会增大。并且在水分饱和的土壤中，往往使有机质分解不完全，从而产生许多有害物质，影响根系正常的呼吸和吸收作用，并使根系腐烂。所以当土壤水分超过一定限度，也会极大地降低呼吸速率（贾丙瑞等，2006）。总之，根系和土壤微生物正常的生理代谢需要适宜的土壤水分供应，如果土壤含水量保持在一个合适的范围，则土壤呼吸速率主要取决于土壤温度。

总之，不同灌溉梯度下，土壤呼吸有不同的响应方式。适度灌溉会增加土壤呼吸作用，但灌溉过度会抑制土壤呼吸。在干旱和半干旱区，土壤含水量是调制土壤呼吸的主导因子。当土壤含水量很低时，虽然土壤呼吸速率会降低，但不利于树木的光合作用。当适度灌溉时，虽然土壤呼吸速率会增加，但有助于整个生态系统固碳速率的增加。所以，应综合考虑土壤水分对生态系统碳通量的影响。

3.7　土壤呼吸的空间异质性

土壤呼吸作用具有明显的空间变异性。在全球尺度上，土壤呼吸因植被及气候类型的不同，差异很大。即使在树种单一的人工林，土壤呼吸也存在一定的空间变异（Raich & Schlesinger，1992）。前人的研究表明，森林土壤呼吸速率的空间异质性随着土壤水分（Stoyan 等，2000；张义辉等，2010）、根生物量（Hanson 等，1993）、枯落物量（Fang 等，1998）、微生物量（Scott-Denton 等，2003）、枯落物层厚度（Russell & Voroney，1998）、土壤理化性质（Xu & Qi，2001）物种组成（Khomik 等，2006）等因子的空间变化而发生改变。还有研究表明，土壤呼吸的空间变异性与森林经营措施紧密相关，如不同采伐方式可以导致土壤呼吸在空间分布上的差异（Epron 等，2004）。由于影响土壤呼吸空间变异性的因素众多，为其准确估算带来挑战。

土壤呼吸作用的空间变异性是准确评估土壤碳收支的基础，在从样地碳排放到区域土壤碳排放的尺度转换中具有重要意义。目前土壤呼吸作用研究主要集中于时间变异性及其影响因子方面，而很少考虑空间变异性及其影响因素，且在研究过程中，通常取观测样地的土壤呼吸平均值，这样就消除了生态系统土壤呼吸作用的空间异质性（周广胜等，2008）。所以关于土壤呼吸在日和季节尺度上的时间变异性研究非常多，但与时间动态相比，土壤呼吸的空间变异性研究相对较少（Khomik，2006；Ohashi & Gyokusen，2007）。

研究结果表明，不同生长阶段人工林的土壤呼吸速率有明显的季节变化，各月份之间差异显著（Saurette 等，2008；Yan 等，2011）。但人工林土壤呼吸的空间变异程度如何？是否随生长阶段发生改变？到目前为止，还很少看到这方面的研究报道。本研究在观测不同树龄杨树人工林土壤呼吸的基础上，采用变异系数（CV）表征土壤呼吸空间变异的大小，同时对相关的土壤理化因子和生物因子进行相关分析，旨在揭示土壤呼吸空间变异性的影响因素和机制，为准确评估杨树人工林的生态系统碳收支提供依据。

3.7.1 土壤呼吸的空间变异性

在整个生长季，土壤呼吸速率在 $1.65\sim8.59$ μmol/(m^2·s)之间。2 年生杨树人工林的土壤呼吸速率最大，而 12 年生人工林最小。从所有样地来看，不同树龄林地的土壤呼吸空间变异系数（CV）在 $5.7\%\sim42.6\%$之间，变化幅度较大。相比较而言，不同生长阶段人工林的土壤呼吸变异系数存在较大差异（P＜0.05），幼林的土壤呼吸空间变异最大，平均为 28.8%。7 年生和 12 年生杨树人工林的土壤呼吸空间变异系数依次递减，分别为 22.4%和 19.6%。

从整个生长季的观测表明，土壤呼吸的空间变异存在明显的季节变化，表现为 7 月份最大，在 $31.5\%\sim42.6\%$之间波动；而 9 月份最小，在 $5.7\%\sim18.5\%$之间波动（图 3-14）。整体来看，空间变异系数的最大值（42.6%）出现在 7 月份的 2 年生林地，而最小值（5.7%）出现在 9 月份的 12 年生林地。

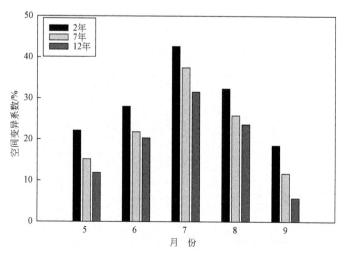

图 3-14　不同树龄人工林的土壤呼吸空间变异

　　与土壤呼吸相比，不同树龄林地的土壤温度的空间变异较小，2 年、7 年和 12 年生杨树人工林的空间变异系数分别为 3.6%、2.8% 和 2.2%。总体来看，土壤呼吸与土壤温度的空间变异系数均随树龄增加而呈现下降的趋势，且土壤呼吸的空间变异系数与土壤温度呈正相关。

3.7.2　土壤呼吸速率与观测位置

　　在整个生长季，两个观测位置——树干基部（基点）与行距中间位置（中间点）的土壤呼吸作用有相似的季节变化规律，但呼吸速率存在一定差异（图 3-15～图 3-17），一般来说，树干基部的土壤呼吸速率略大。但是对这两个位置的观测表明，土壤温度并没有显著差异。

　　在 5～9 月生长季，两个观测位置的土壤呼吸速率在不同月份呈现不同程度的差异。平均来说，基点的土壤呼吸速率在 7 月份比中间点高 13.2%～30.6%，差异显著（$P < 0.05$），而在 9 月份差异最小，仅高 3.4%。并且两个观测位置土壤呼吸速率的日变化也存在一定差异。分析表明，2 年生人工林在两个观测位置上的土壤呼吸速率存在显著差异（$P < 0.01$）（图 3-15），树干基部的土壤呼吸速率明显高于中间点，且两个观测位置的土壤温度差异显著（$P < 0.05$）。比较而言，7 年生和 12 年生人工林在两个观测位置上的土壤呼吸速率差异不显著（图 3-16 和图 3-17）。

　　配对 t 检验表明，2 年生人工林在两个观测位置上的土壤呼吸速率日变化差异显著（$P < 0.01$）（图 3-18），且土壤温度差异显著（$P < 0.05$）。而 7 年生和 12 年生人工林在两个观测位置上的土壤呼吸速率差异不显著。

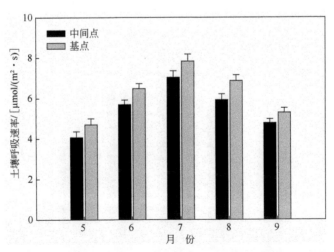

图 3-15　2 年生杨树人工林基点与中间点的土壤呼吸对比

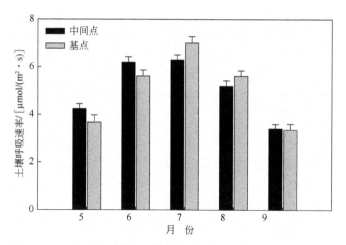

图 3-16　7 年生杨树人工林基点与中间点的土壤呼吸对比

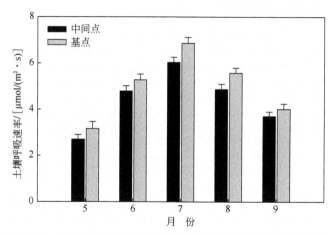

图 3-17　12 年生杨树人工林基点与中间点的土壤呼吸对比

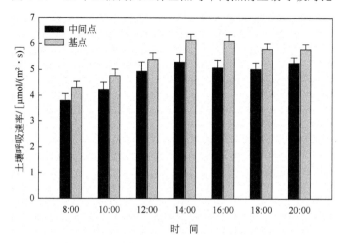

图 3-18　杨树人工林基点与中间点的土壤呼吸日变化对比

3.7.3 细根与土壤因子的空间变异

杨树人工林 0～10 cm 土层细根的空间分布变化很大,总体上随树龄增加变异减小。在整个观测阶段,2 年、7 年和 12 年生林地细根生物量的空间变异系数（CV）平均为 35.3%、26.7%和 19.2%。总的来说,0～10 cm 土层的土壤全碳、全氮、有效磷及速效钾含量均存在一定的空间分异（表 3-9）。2 年、7 年和 12 年生林地土壤全碳含量的空间变异系数在 2.4%～5.6%之间,全氮在 2.1%～16.4%之间,速效钾在 16.7%～34.1%之间,有效磷的空间变异较大,在 26.2%～41.8%之间。为消除时间变化对土壤呼吸空间异质性的影响,利用各个测点在 10:00～12:00 的土壤呼吸观测值与同月的土壤理化因子及生物因子进行逐步回归分析,结果如下:

$$SR=-11.091+1.038T+0.185Bf-3.381N \qquad R^2=0.86 \qquad P<0.01 \qquad (3-5)$$

其中,SR 为土壤呼吸速率；T 为 5 cm 土壤温度；N 和 Bf 分别为 0～10 cm 土壤氮含量和细根生物量。

表 3-9　不同树龄人工林 0～10 cm 土层理化性质和细根生物量

土壤因子	2 年生林地	7 年生林地	12 年生林地
有机碳/(g/kg)	17.28 ± 0.13	16.87 ± 0.10	16.76 ± 0.11
全氮/(g/kg)	1.58 ± 0.05	1.62 ± 0.02	1.66 ± 0.01
有效磷/(mg/kg)	5.65 ± 0.54	5.26 ± 0.38	5.52 ± 0.45
速效钾/(mg/kg)	210.63± 16.4	256.05 ± 13.2	292.83 ± 11.7
细根生物量/(g/m²)	154.2 ± 8.2	127.1±6.9	115.3 ± 4.8
土壤水分/%	27.6 ± 3.5	26.1 ± 3.1	23.5 ± 2.2
pH 值	8.30 ± 0.06	8.33 ± 0.03	8.36 ± 0.02

注：数据为平均值±标准误差。

3.7.4 土壤呼吸的空间变异分析

土壤呼吸的空间变异普遍存在且地区间差异很大。在全球尺度上,不同生物群区（Biome）的年土壤呼吸强度因温度、水分及生物量空间分布的不同而有很大差异（Raich 等,1992）。通过对不同森林类型如沼泽、灌丛、落叶林、常绿林和混交林的土壤呼吸空间异质性的研究,发现即使在同一生态系统类型内部，土壤呼吸的空间变动范围也很大，其变异系数（*CV*）在 28.4%～ 69.6%之间波动。Khomik 等（2006）发现沿观测样带，北方混交林土壤呼吸的空间变异在 4%～74%之间，且有一定的季节变化规律，生长季较大，冬季较小，且土壤呼吸的空间变异系数与 C/N 比成负相关。Scott-Denton 等（2003）发现，即使在较小的空间尺度上，土壤呼吸也存在一定的空间差异，并且这种空间差异与观测点到树干的距离密切相关。Xu 等（2001）的研究结果表明，黄松人工林土壤呼吸的空间变异系数平均为 30%，与根系生物量、土壤理化性质、土壤温度和水分等因素的空间变异高度相关。Epron 等（2004）研究发现桉树人工林的土壤呼吸的空间变异系数在 25%～50%之间，并且变异程度与管理措施有一定的相关性。Hanson 等（1993）认为橡树林土壤呼吸的空间变异系数在 28%～42%之间。Ohashi 等（2007）发现日本雪松的土壤呼吸变异系数在 26%～42%之间，且存在季节变化规律。Russell 等（1998）在一个成熟的白杨林内，发现沿一条 40 m 的样线，土壤呼吸的变异系数在 16%～45%之间。Stoyan 等（2000）研究了杨树土壤呼吸的空间变异，发现平均变异系数为 37%。本研究的土壤呼吸空间变异系数在 5.7%～42.6%之间，基本上处在以前的研究范围之内。

森林土壤呼吸的空间变异受多种因子的影响，不同研究者得到的结论差异很大。研究表明，土壤呼吸的空间变异与根生物量、微生物生物量、枯落物量、死苔藓层厚度、土壤有机碳及可溶性碳库、土壤氮浓度、土壤阳离子交换能力、土壤容重、土壤水分含量、土壤孔隙度、pH 值、立地地形、经营活动及植被覆盖度等许多因素相关（Stoyan 等，2000；Hanson 等，1993；Fang 等，1998；Scott-Denton 等，2003；Russell & Voroney，1998；Xu & Qi，2001；Khomik 等，2006），且土壤呼吸在不同空间尺度上存在不同程度的变异。

有研究表明，土壤呼吸的空间变异性与细根的空间分布有关，土壤呼吸强度与细根生物量成正比（Pregitzer 等，2000；Saiz 等，2006）。Vincenta 等（2006）认为土壤呼吸在不同的空间尺度上，变异程度不同，并且发现土壤呼吸的空间变异性与土壤容重和表层土壤的氮浓度相关。Rout 等（1989）和 Klopatek（2002）发现土壤呼吸的空间变异性有林地表面的枯落物积累有关。可见，研究地点的气候、土壤条件和人为干扰等因素的不同，造成研究结果的较大差异。

本研究表明，杨树人工林土壤呼吸的空间异质性主要由表层土壤温度、细根生物量和氮浓度有关。大多数研究表明，土壤温度是影响土壤呼吸的控制性因子，土壤温度随空间的微小变化都会影响到土壤呼吸强度（Winkler 等，1996；Divadson 等，1998；Kang 等，2003）。本研究中，在树木的不同生长阶段，由于林地郁闭度、林木的冠层结构和叶面积等许多因素的差异，造成入射光强度在不同位置可能发生很大差异，尤其在遮阴处与林隙处，这种差别可能会更大，从而导致表层土壤温度的差异，并最终造成土壤呼吸的空间分异。如 2 年生林地只是部分郁闭，所以，在林地表面接受的太阳光辐射存在较大差异，造成土壤温度和土壤呼吸的变异最大。

细根虽然仅占林分根系总生物量的 3%～30%（Vogt 等，1996），但它生长和周转迅速，在树木碳分配和养分循环过程中起着十分重要的作用。根系呼吸约占土壤呼吸的 50%，且通过细根周转进入土壤的凋落量是地上凋落量的一倍至数倍，所以细根是影响土壤呼吸强度的一个重要因素。在本研究中，表层的杨树细根生物量空间变异很大，且在幼龄阶段，空间变异更大。2 年生人工林地的细根分布变异系数最大，达 30.3%，而 12 年生人工林地的变异系数则下降到 10.6%。且即使细根生物量相同，在树木的不同生长阶段，活细根或死亡细根所占比重差异较大，同时细根的寿命及活性也会有所差别。总体上，幼龄杨树的根系生物量空间变异大，且集中于表层，随树木的生长发育，根系分布变得均匀（Block 等，2006；Yin 等，1989）。所以，树木在不同生长阶段，由于细根空间分布的不同导致土壤呼吸的空间异质性有很大差别。

土壤氮含量对土壤呼吸的影响尚无定论，研究结果相差较大。如 Zogg 等（1996）发现美国北部硬阔叶林（主要是糖槭）的氮有效性是影响林分间土壤呼吸速率空间格局的重要因子。Gallardo 等（1994）也观察到暖温带森林施氮肥后，土壤的呼吸作用有所提高。但是也有研究发现，土壤氮含量增加会导致土壤呼吸速率下降。如红松林施氮肥后的作用相对于对照地明显减小，而且其细根和粗根的生产力也明显变小（Haynes 等，1995）。Lee 等（2003）在佛罗里达州的研究表明，施氮肥对三叶杨（*P. deltoides*）的土壤呼吸有明显的负效应，这可能是土壤氮有效性会影响光合产物在地上和地下的分配格局（Eissenstat 等，2000；Norby 等，2000）。土壤养分的增加导致光合产物在根系中的分配比例减少，从而使根系呼吸作用减弱。可见，土壤氮在空间分布上的微小变化，都可能导致土壤呼吸在空间上的差异。

3.7.5　观测位置与土壤呼吸空间变异

大多数研究表明，距离树干基部越远，土壤呼吸速率越小（Lamade 等，1996；Pangle & Seiler，2002；Wiseman & Seiler，2004）。本研究中，树干基部的土壤呼吸速率略大于中间点的呼吸速率，与以前的研究结果一致。土壤呼吸速率的这种变化趋势主要受根系分布梯度的影响。一般在树桩附近，根系能优先获得向下输送的同化产物，使根系密集（Bouillet 等，2002），这种情形在许多人工林中都得到观测验证（Fabiao 等，1995）。本研究中，2 年生人工林的根系主要局限于冠层投影范围之间，所以在距树干的不同位置，根系分布会有较大差异，这与该林地较大土壤呼吸空间变异性相一致。此外，夏季高的光合速率有可能加大这种土壤呼吸的位置效应，导致夏季土壤呼吸的空间变异系数较大。

可见，土壤呼吸的空间异质性广泛存在于不同的森林类型和不同的研究区域，且变异程度相差较大。此外，土壤呼吸的空间异质性还关系到土壤呼吸的测点数量问题。Myeong 等（2003）依照土壤呼吸的空间变异系数，估算了在日本落叶松林中估测土壤呼吸所需的样点数，可以大大地节约实验成本。

杨树人工林土壤呼吸的空间变异在不同生长阶段存在较大差异。这是因为随着树木生长，冠层结构和叶面积会发生很大改变，且植物地上地下的碳分配格局也会随之改变，从而导致根系空间分布和土壤环境因子的变化，这些变化最终都会影响土壤呼吸的空间变异。如 2 年生幼林的冠层不会完全郁闭，根系也一般局限于树冠投影之内，导致土壤温度和养分等环境因子存在较大空间分异，所以土壤呼吸的空间变异最大。随着林木成熟，冠层郁闭，根系分布均匀，土壤呼吸的空间变异逐渐减小。

在估算人工林土壤碳排放量时，土壤呼吸的空间变异性对土壤碳收支的准确估算至关重要。土壤呼吸的空间变异性是土壤碳循环研究中的薄弱环节，土壤温度、土壤氮含量及根系分布的空间变化等这些生物与非生物因子都可以引起土壤呼吸在空间上的差异，并在不同的空间尺度上，起主导作用的因子不同。所以加强人工林的土壤呼吸空间变异研究，对准确估算人工林生态系统的碳收支具有重要意义。

总之，人工林是处于人为调控下的生态系统类型，主要经营措施是影响人工林土壤碳排放的重要因素。在一个轮伐期内，杨树人工林的土壤碳排放效率会随着树木生长变化而发生改变。此外，品种选择与松土这两种管理措施对土壤呼吸速率也有明显的调控作用。三个品种人工林的土壤呼吸作用差异显著，这主要归因于它们的生长模式、同化碳分配与土壤水热条件的差异。松土严重扰动土壤结构，在短期内造成土壤碳的大量释放。

不同管理措施对土壤碳动态的影响机制及影响程度均有差异，采取合理措施可在一定程度上减少碳排放，增加人工林的碳吸存。评估人工林的土壤碳平衡时，应考虑树木生长阶段的差异，因为在一个轮伐期内，不同生长阶段的土壤碳动态及土壤水热因子有很大差异；在选择杨树品种时，应考虑它的根系特征、根冠比及光合碳分配模式，以降低土壤呼吸速率；应尽可能减小松土对土壤结构的扰动与破坏，减少松土次数及强度，这也是降低土壤呼吸速率的重要手段。与天然林相比，气候变化对短轮伐期人工林的影响更为显著。所以，应采取科学合理的人工林培育措施，减少碳排放，这对增加森林碳汇、减缓气候变化有重要意义。

第 **4** 章

土地利用类型对土壤碳循环的影响

　　人类活动作为气候变化的重要驱动力，不仅通过影响气候系统导致全球性气候变化，还影响陆地生态系统的地理分布格局及其生产力，从而改变陆地生态系统的碳储量和碳排放速率（Deng 等，2014；Houghton 等，2017）。土地利用方式的转变是最典型和最广泛的人类活动之一。土地利用变化引起的陆地生态系统类型转变对于全球碳循环具有深远影响。

　　研究表明，1990—2010 年，土地利用变化导致的净碳排放量约占人类活动碳排放的 12.5%（Houghton 等，2012）。土地利用变化已经成为仅次于化石燃料排放引起温室气体浓度增加的主要原因。土壤有机碳的变化和储存与土地利用活动密切相关，长期土地利用方式的改变是大气 CO_2 浓度不断升高的主要原因之一。因此，准确评估土壤碳循环及其对土地利用方式的响应不仅有助于减少全球碳收支评估的不确定性（周广胜等，2002），而且有助于减缓气候变化及其影响。

　　植被类型是影响土壤 CO_2 释放量的重要因子之一。不同的土地利用方式或不同的植被类型，导致生态系统在生产力、碳分配和凋落物数量及质量等方面的差异，从而对生态系统土壤的碳汇或碳源功能产生不同影响（Raich 等，2000；Hagen-Thorn 等，2004；Oostra 等，2006）。国内关于土壤碳循环的研究已经很多，但大多集中在典型生态系统如森林、草原、农田等（李凌浩，2000；黄承才等，1999；易志刚等，2003；杨玉盛等，2007），如吴建国等（2003）对六盘山林区不同土地利用方式下的土壤呼吸作用进行了比较研究。王旭等比较了长白山原始红松（*Pinus koraiensis*）针阔混交林与开垦农田的土壤呼吸作用。但土地利用方式转变在不同的气候区、不同的土壤条件下可能对土壤碳动态的影响有所不同。

　　本研究针对农田造林这种常见的土地利用方式转变类型，通过 3 种不同土地利用方式（人工林地、草地及农田）土壤碳循环的研究，估算了不同土地利用方式的土壤呼吸及土壤碳储量，分析了土地利用和土地覆盖变化对土壤碳排放的影响，旨在为估算地区土壤碳收支提供科学依据。

4.1　研究地概况

4.1.1　伊犁河谷研究地概况

伊犁河谷位于新疆维吾尔自治区西部边陲（80°09′～84°56′ E，42°14′～44°50′ N），属寒温带半干旱大陆性气候，阳光充足，相对湿度低，蒸发量大。气温变化剧烈，日温差大。无霜期较短。从西向东海拔高度在 609～1500 m 之间。由于伊犁谷地向西敞开，能够承受西来湿润气流的影响，同时东、北、南三面依靠天山，可以阻止冬季来自北面的干冷气流及夏季来自准噶尔盆地和塔里木的干热之流。因此，伊犁河流域的气候特征是：夏季温暖而较干，冬春季温和而较润。伊犁河谷年平均气温 10.4℃，全年以 1 月份最冷，7 月份最热；各地平均日温差在 10～16℃之间，伊犁河谷年平均降水量为 417.6 mm，山区可达 600 mm 左右；年平均日照时数为 2898.4 h（中科院新疆考察队，1978）。

灰钙土，是伊犁河谷平原及两侧丘陵的地带性土壤。灰钙土腐殖质层比较薄，一般厚约 8～12 mm，呈浅棕灰色，表层有机质含量一般在 1%～2.5%，是荒漠草原的地带性土壤，有不明显的钙积层。由于灰钙土发育在黄土状母质上，土壤质地多为中壤土与轻壤土，结构疏松，多细孔隙（吴荣镇等，1985）。植被属于半荒漠类型，优势种为蒿属（中亚种为主），次优势种为中亚的短命植物，主要是鳞茎早熟禾（*Poa bulbosa*）和粉柱苔草（*Carex pachystylis*），并伴生地肤（*Kochia prostrata*）等。伊犁河两旁多杨柳林，河旁阶地多为农田，局部地段残留有河漫滩草甸，低洼地则为芦苇沼泽（中科院新疆考察队，1978）。

伊犁平原林场除了大面积的杨树（*Populus* ssp.）人工林外，天山云杉（*Picea obovata*）也是主要的造林品种之一，此外还有大面积的人工三叶草（*Trifolium repens*）草地（表 4-1）。为了比较不同土地利用方式或植被类型对土壤碳排放的影响，分别在大叶钻天杨、云杉林地及三叶草草地设置样地，进行土壤呼吸测定。

表 4-1　伊犁河谷主要土地利用方式概况

项目	土地利用方式				
	三叶草地	杨树幼林	杨树成熟林	云杉林	农田
平均高度/m	0.55 ± 0.1	17.3 ± 0.7	20.7 ± 0.5	4.36 ± 0.3	0.52 ± 0.2
平均胸径/cm	—	19.2 ± 1.5	24.3 ± 1.8	5.18 ± 0.8	—
土壤有机碳含量 /(g/kg)	16.39±0.16[a]	14.52±0.15[b]	15.18±0.10[a]	11.97±0.12[c]	14.76±0.12[b]
土壤全氮含量 /(g/kg)	1.31±0.05[a]	1.27 ± 0.03[bc]	1.44±0.02[a]	1.25±0.03[c]	1.25±0.06[c]
土壤容重 /(g/cm³)	1.21±0.03[b]	1.24±0.04[a]	1.23±0.03[ab]	1.26±0.07[a]	1.20±0.03[b]
土壤 pH	8.30±0.04[ab]	8.33±0.03[ab]	8.36±0.02[a]	8.27±0.02[b]	8.37±0.03[a]
枯落物量/(t/hm²)	—	5.1±0.29[b]	8.2±0.36[a]	2.1±0.22[c]	—

注：同行数据上方的不同字母 a、b、c 代表差异的显著性（$P<0.05$）。

4.1.2　太原地区研究地概况

太原市（111°30′～113°09′ E，37°37′～38°25′ N）地处山西省腹部，太原盆地北端，汾河中上游地带，总面积 6988 km²。属北温带大陆性气候，四季分明。太原市三面环山，中部陷落，呈典型簸箕状倾斜。丘陵山区约占国土总面积的 80%，盆地平川占 20%，平均海拔 800 m 左右。汾河自西北向东南纵贯全市 100 km，流域中部和南部为开阔的冲积扇平原，地势平坦，灌溉方便，为主要农耕区，以种植小麦、玉米、谷子为主；西部和北部山区，以产莜麦、荞麦、豆类为主（马子清，2001）。

本研究地位于山西省太原市小店区（112°31′E，37°39′N），年平均气温为 10.0℃，其中 7 月份平均温度 23.4℃，1 月份平均温度-5.5℃。年平均降水量约为 431.2 mm，平均海拔约 773 m。日照充足，年平均日照时数 1798 h，昼夜温差较大。土壤类型为褐土，表层土壤有机质含量约 13.01 g/kg，全氮含量约 0.77 g/kg。

研究对象为区域内广泛栽植的毛白杨（*Populus tomentosa*）（表 4-2）。林下植被主要有葎草（*Humulus scandens*）、虎尾草（*Chloris virgata*）、绒背蓟（*Cirsium vlassovianum*）、灰绿藜（*Chenopodium glaucum*）、黄花蒿（*Artemisia annua*）、萹蓄（*Polygonum aviculare*）、反枝苋（*Amaranthus retroflexus*）、刺儿菜（*Cirsium setosum*）、藜（*Chenopodium album*）等桑科、禾本科、苋科、菊科和藜科草本。

表 4-2 太原地区杨树人工林的林分特征

树龄/a	树高/m	胸径/cm	郁闭度/%	密度/(株/hm²)	林下主要草本
7	16.7 ± 0.6	15.8 ± 1.5	85	850	虎尾草、灰绿藜
17	19.6 ± 0.7	21.3 ± 1.8	95	800	葎草、黄花蒿等

注：数据为平均值±标准误差。

4.1.3 实验设计及样品采集

分别在大叶钻天杨、云杉林地及三叶草草地设置 3 个随机样地，所选样地均有相同的土壤类型、坡向、坡度和土地利用历史。各样地设 6～8 个土壤呼吸圈，测量方法同第 2 章。在 2007 年和 2008 年生长季（5～9 月份），每月测定土壤呼吸速率。每次测量时间为 10:00～14:00（当地时间），其中 7 月份为连续 24 h 观测。同时利用 Li-6400 光合仪所携带的温度探头观测 5 cm 处土壤温度。

分别在大叶钻天杨、云杉林地及三叶草草地样地随机挖取 3 个土壤剖面，剖面深度为 30 cm。由于林草地均为以前的农田，为了增加不同土地利用方式之间的可比性，在农田同样设置 3 个随机样地。在距样地边界 2～3 m 处，用土壤环刀（100 cm³），分层（0～10 cm、10～20 cm 和 20～30 cm）取土样，去除环刀内的植物根系和石砾，在 105℃烘干 24 h 后，称重并计算土壤容重。在生长季，每次观测完毕后，采集测点附近 0～10 cm 深度土样，在 105℃下烘 24 h 到恒重测定土壤含水量。细根研究方法参见第 2 章。

同时每层取土约 500 g，土样装入样品袋，用于土壤性质测定。土壤有机碳用重铬酸钾氧化-外加热法测定，全氮用半微量凯氏法测定，pH 值采用电位法（土水比 1：2.5）测定。有效磷采用硫酸-高氯酸消化，钼锑抗比色法；速效钾采用硫酸-高氯酸消化，火焰光度法测定。

4.1.4 数据分析

总土壤碳储量包括土壤有机碳储量和枯落物层碳储量。土壤有机碳储量是指单位面积一定深度的土层中有机碳的总含量（t/hm²）。0～30 cm 土层的土壤有机碳储量按 0～10 cm、10～20 cm 和 20～30 cm 分别计算，然后相加。每层碳储量由土壤容重乘以有机碳含量再乘以土层厚度得到（Michael & Binkley，1998）。计算公式如下：

$$S_i = \sum C_i \times D_i \times E_i \times (1-G_i) \tag{4-1}$$

式中，C_i 为土壤含碳率，%；D_i 为土壤容重，g/cm^3；E_i 为土壤厚度，cm；G_i 为直径＞2 mm 的石砾所占的体积百分比，%；i 代表某一土层。因研究区整个土壤剖面无直径＞2 mm 的石砾，所以公式中 G_i 为 0。

枯落物层碳储量由枯落物质量乘以其有机碳含量得到。

大叶钻天杨、云杉林地和三叶草草地在整个生长季（2007 年 5 月 1 日至 9 月 30 日）的碳排放量采用下式估算（Zhang 等，2013）：

$$M = 0.273 \times \sum \frac{Rs_{i+1} + Rs_i}{2} \times (t_{i+1} - t_i) \times 3600 \times 24 \times 44 \times 10^{-8} \tag{4-2}$$

其中，M 为累积碳排放量，t/hm^2；i 为取样序号；t 为取样日期。

统计分析在 SPSS15.0 软件中进行。使用 ANOVA 检验土壤呼吸、土壤碳储量及土壤温度等参数在不同处理间差异的显著性。采用非线性回归和多元逐步回归拟合呼吸速率与根系生物量、土壤温度及其它因子的变化规律，拟合模型见第 2 章。用相关分析法分析土壤呼吸与细根生物量、土壤等因子的相关关系。显著性水平为 $\alpha=0.05$ 或 $\alpha=0.01$。所有图形采用 SigmaPlot 10.0 软件绘制。

4.2　土地利用类型对土壤呼吸的影响

4.2.1　人工林地与草地的土壤呼吸日变化

3 种土地利用类型的土壤呼吸速率呈现明显的日变化，基本与 5 cm 土壤温度的日变化趋势相一致（图 4-1～图 4-3）。土壤呼吸在 14:00～16:00 之间达到最大值，在 6:00 左右降到最低。相比而言，草地由于可以接受太阳光直射，地面升温快，5 cm 地温（土壤温度）和土壤呼吸速率在 14:00 左右即可达到峰值。林地升温略慢，5 cm 地温和土壤呼吸速率在 16:00 左右达到峰值。且草地 5 cm 地温和土壤呼吸速率的日变化幅度最大，云杉人工林的日变化幅度最小。

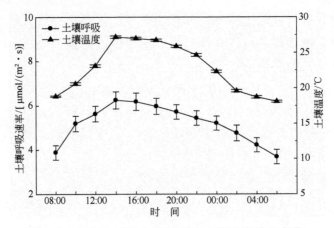

图 4-1　杨树人工林土壤呼吸及土壤温度的日变化

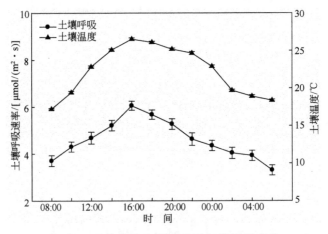

图 4-2　三叶草地土壤呼吸及温度的日变化

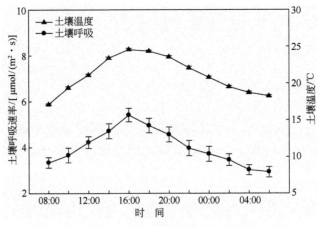

图 4-3　云杉人工林土壤呼吸及温度的日变化

4.2.2　人工林地与草地的土壤呼吸季节动态

不同土地利用方式的土壤呼吸季节变化均呈单峰曲线（图 4-4）。林地土壤呼吸速率最大值均出现在 7 月中旬，而草地土壤呼吸速率的最大值比林地要早，出现在 6 月份，表明草地土壤呼吸对气温的升高比林地敏感。不同土地利用方式的土壤呼吸速率最小值均出现在 9 月份。杨树人工林、云杉人工林、三叶草地土壤呼吸速率变化范围分别为 $3.30\sim6.05$ μmol/(m²·s)、$2.93\sim5.41$ μmol/(m²·s)和 $3.68\sim6.25$ μmol/(m²·s)。方差分析表明，杨树人工林、云杉人工林、三叶草地的土壤呼吸速率间差异显著（$P<0.01$）。土壤呼吸速率的最大值出现在草地，为 5.39 μmol/(m²·s)，而云杉林的最小，为 4.40 μmol/(m²·s)。土壤呼吸速率的变异系数（CV）以草地（37%）最大，杨树林（21%）次之，云杉林地（17%）最小。

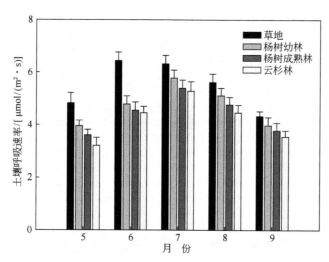

图 4-4　不同土地利用方式下土壤呼吸的季节变化

4.2.3　不同土地利用方式下的土壤碳排放量估算

根据 Zhang 等（2013）建立的土壤碳排放与土壤呼吸速率模型，以日为时间步长累加而得整个生长季的土壤碳排放量。结果表明，在整个生长季，最大碳排放量出现在草地（8.26 t/hm²），最小值出现在云杉林地（6.57 t/hm²）（表 4-3）。方差分析表明，杨树人工林、云杉人工林、三叶草地的土壤碳排放量之间差异显著（$P<0.01$）。采用指数模型拟合土壤呼吸速率与土壤温度的关系（图 4-5），由此计算得到 Q_{10} 值（表 4-3）。

表 4-3　不同土地利用方式的土壤碳排放及 Q_{10} 值

土地利用方式	土壤碳排放/(t/hm²)	土壤呼吸/(μmol/ m²·s)	指数模型	R^2	Q_{10}	枯落物 C/N 比
草地	8.26 ± 0.45^a	5.39 ± 0.35^a	$SR=0.881e^{0.076T}$	0.86	2.13	14.5 ± 1.2^d
杨树幼林	7.37 ± 0.37^b	4.73 ± 0.29^b	$SR=1.594e^{0.043T}$	0.81	1.54	35.9 ± 1.8^c
杨树成熟林	6.93 ± 0.35^c	4.42 ± 0.25^c	$SR=1.231e^{0.062T}$	0.79	1.86	41.1 ± 1.7^b
云杉林	6.57 ± 0.31^c	4.40 ± 0.28^c	$SR=1.519e^{0.052T}$	0.79	1.68	55.5 ± 2.3^a

注：1. SR—土壤呼吸速率；T—5cm 土壤温度；

　　2. 同一列数据上方不同字母 a、b、c 代表差异的显著性（$P<0.05$）。

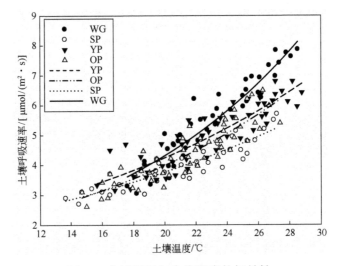

图 4-5　土壤呼吸与土壤温度的相关性

注：WG，YP，OP，SP 分别代表草地、杨树幼林、杨树成熟林、云杉林

　　不同土地利用方式下，土壤呼吸速率均与土壤温度的季节变化相一致。杨树人工林、云杉人工林、三叶草地土壤呼吸速率土壤温度的变化趋势均可用指数模型拟合（表 4-3；图 4-5），二者为极显著相关关系。在整个生长季，最大 Q_{10} 值出现在草地（2.13），最小出现在杨树幼林（1.54）。

　　对于干旱区植被而言，水分是植物生存的限制因子。但由于本研究地位于伊犁河畔，水资源比较充足，并且在生长季，基本上每月灌溉一次，所以水分条件不是植被生长和土壤呼吸的限制性因素。在不考虑土壤水分的情况下，土地利用方式下土壤呼吸与土壤（5 cm 处）温度在低温时的拟合效果要优于温度较高时的拟合效果。相关分析表明，土壤呼吸与枯落叶 C/N 比呈显著负相关（$P<0.01$）（图 4-6）。与杨树人工林和三叶草地相比，云杉人工林的 C/N 比最大。

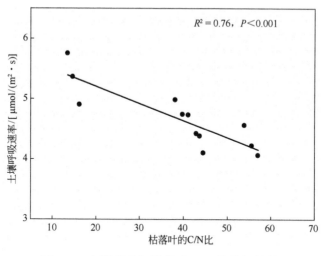

图 4-6　土壤呼吸与枯落叶 C/N 比的相关性

不同土地利用方式下，土壤呼吸速率和总排放量均存在很大差异。本研究表明，对整个生长季而言，杨树人工林、云杉人工林、三叶草地土壤碳排放量分别为 7.15 t/hm^2、6.57 t/hm^2 和 8.26 t/hm^2。这说明土地利用方式转变会导致土壤 CO_2 排放量的较大变化。土地利用方式转变主要通过影响碳分配、土壤碳输入和土壤结构影响土壤有机碳储量和土壤碳排放，使土壤成为碳源或碳汇，从而影响大气 CO_2 浓度。王旭等（2006）的研究表明，在整个生长季，长白山针阔叶混交林的土壤释放 CO_2 量可达农田的 2 倍。对东北东部森林生态系统的研究表明（杨金艳和王传宽，2009），6 种生态系统的土壤呼吸年通量存在显著差异。可见，土地利用方式转变会导致土壤碳排放量的显著变化。

4.2.4　土地利用方式对土壤呼吸的影响

土地利用变化引起的陆地生态系统类型转变对于全球碳循环有重要作用，不仅影响陆地生态系统的地理分布格局及其生产力，而且会改变陆地生态系统的碳储量和碳排放速率（Houghton 等，2017）。本研究表明，云杉人工林、杨树人工林、三叶草地平均土壤呼吸速率分别为 4.40 μmol/(m^2·s)、4.58 μmol/(m^2·s)、5.39 μmol/(m^2·s)，草地平均土壤呼吸速率分别比杨树林地和云杉林地高 17.7% 和 22.7%，这主要与不同样地小气候、地下生物过程（根系生物量及其活性和微生物区系等）和土壤有机质含量等因素有关。

　　土壤呼吸主要是由根系呼吸和异养呼吸组成，不同植被类型根系生长的差异是造成根系呼吸差异的主要原因。三叶草的根系发达，纵横交错，根系分布浅。且生长快，根茎比大。比较而言，树木的根系生长速度较慢，且分布较深，尤其是云杉，根系生长速度非常缓慢，并且根系生物量小。同时，不同植被类型的光合产物分配模式相差较大，也会导致根系呼吸强度的不同。研究表明，草地植被光合产物的92%以上被分配到地下，同时草本植物每年有大量的根系死亡进入土壤碳循环过程。而森林植被光合产物分配到地下的比例较低，其土壤有机碳的主要来源多为枯枝落叶，输入量的差异决定了不同植被类型的土壤碳排放存在明显差异。相关分析表明，土壤呼吸速率与枯落物的C/N比呈显著负相关，这是由于C/N比高的有机物不易被微生物降解，而三叶草的C/N比较低，易于被微生物分解利用，从而导致较高的土壤呼吸速率。

　　土壤有机质分解是土壤CO_2释放量的主要来源之一，因此，土壤有机质含量显著影响土壤碳排放量，研究表明，土壤碳含量越高，土壤微生物碳含量越高，土壤异养呼吸速率也越高。本研究中杨树人工林、云杉人工林、三叶草地的土壤平均有机碳含量分别为14.85 g/kg、11.97 g/kg 和16.39 g/kg。草地土壤有机质含量明显高于林地。可见，土壤有机碳含量的差异也是造成土壤呼吸速率不同的原因之一。

　　植被类型是影响土壤CO_2释放量的重要因子之一。植被类型不同，冠层的光合固碳能力不同，导致在生产力、碳分配和凋落物数量质量等方面的差异，从而对生态系统土壤的碳汇（源）功能产生不同影响（Raich 等，2000；Hagen-Thorn 等，2004；Oostra 等，2006）。对森林和草地系统的土壤呼吸研究显示，土壤呼吸及其季节动态因植被类型不同而存在差异，不同生物群区的土壤呼吸速率有较大的差异，即使是在相邻不同的植物群落之间的土壤呼吸速率也常存在着相当大的变异。生长在相同土壤上的针叶林的土壤呼吸速率比邻近的阔叶林的低10%左右（Raich 等，2000）。Weber（1990）观察到白杨（*P. tremuloides*）林土壤呼吸速率比附近松树林的高；Hudgens 等（1997）也观察到阔叶林的土壤呼吸速率比附近松树（*Pinus sylvestris*）人工林的高。骆土寿等（2001）观测到海南尖峰岭热带山地雨林的土壤呼吸速率为4.7 g/(m^2·d)，而北京地区油松（*P. tabulaeformis*）林的土壤呼吸速率仅为1.0 g/(m^2·d)左右（刘绍辉等，1998），二者相差近5倍。易志刚等（2003）和褚金翔等（2006）的研究均表明，土地利用方式转变或不同植被类型对土壤呼吸速率的影响显著，这与本研究结果相一致。

　　造成土壤呼吸差异的因素是多方面的，既有植被类型、立地条件方面的原因，也有土壤温度和水分方面的原因。杨树人工林、云杉人工林、三叶草地土壤呼吸的日和季节动态主要受温度影响。草地土壤呼吸速率的日变化极值出现时间较林地提前，最大值出现在 14:00，比林地提前 2 h 左右。从整个生长季来看，林地土壤呼吸速率在 7 月份达到峰值，而草地的土壤呼吸速率在 6 月份就已经达到最高值。这主要是由于草地可以接受太阳光直射，土壤升温较快。而林地的郁闭度较高，太阳光不能直接照射到地面，地温的变化比较缓慢。本研究表明，在整个生长季（5～9 月份），土壤呼吸速率与土壤 5 cm 温度呈极显著正相关。草地土壤温度明显高于林地，导致土壤呼吸速率明显增大，所以草地的土壤呼吸速率比人工林要大。

土壤温度不仅影响植物地上部分的生理活动，还直接影响土壤微生物的生长繁殖、根系呼吸等生理活动。在一定范围内，土壤温度的升高又能改变土壤有机质的物理化学状态，使之更易于分解。因此，土壤温度是影响土壤 CO_2 排放速率的主要因子。本研究的土壤呼吸日变化和季节变化表明，土壤呼吸速率与土壤温度的变化规律相一致，土壤 CO_2 排放量在很大程度上取决于土壤温度的高低（易志刚等，2003）。所以，土壤温度是杨树林、三叶草和云杉林土壤呼吸速率存在显著差异的主要原因之一。

4.2.5　土壤呼吸的温度敏感性分析

前人的研究表明，温度升高一般会促进土壤 CO_2 的排放，这是碳循环与全球变暖之间的正反馈效应（Curiel-Yuste 等，2004；Jung 等，2017）。Boone 等（1998）认为，在全球气候变暖的背景下，土壤呼吸的温度敏感性在相当大的程度上决定着从土壤到大气的 CO_2 净释放量。所以，许多研究者使用 Q_{10} 值描述土壤呼吸与温度之间的关系。在温度较低的情况下，对于植物根系和土壤微生物的活动来说，温度是限制因子。随着温度升高，温度的限制逐渐得到解除，植物根系和微生物的活性随温度上升到一定程度后，其它因子则有可能转化为主导因子或限制因子，使土壤呼吸的温度敏感程度降低，出现土壤呼吸温度适应现象（陈全胜等，2004；沈瑞昌等，2018）。

不同土地利用方式有不同的 Q_{10} 值，在气候变暖的背景下，确定土地利用变化的 Q_{10} 值有助于土壤碳释放量的准确估算（Keenan 等，2014）。大多数研究表明，Q_{10} 值在时间和空间上的变化非常大（Raich & Schlesinger，1992；Zheng 等，2009）。Raich 和 Schlesinger（1992）综合大量文献发现，Q_{10} 值一般在 1.3～3.3 之间变化。尽管 Q_{10} 值的变化范围非常大，但由于研究资料与数据的缺乏，在利用生态模型模拟大尺度碳循环研究中，Q_{10} 值常被看作是一个接近于 2.0 的常数，如 Century 模型和 TEM 模型等。在 TEM 模型中，当温度为 0～5℃时，Q_{10} 值在 2.5～2.0 之间取值；5～20℃时，Q_{10} 值为 2.0；20～40℃时，Q_{10} 值为 2.0～1.5。其结果可能会出现在高温时高估而在低温时却低估土壤呼吸的大小。周涛等（2006）认为，Q_{10} 值随着土地利用类型的不同而不同，取值在 1.28～1.92 之间变化。可见，不同土地利用方式下，Q_{10} 值差异较大。

Zheng 等（2009）综合分析了中国主要植被类型的 Q_{10} 值，发现 Q_{10} 值介于 1.52～3.05 之间，本研究的 Q_{10} 值处于这个范围之内。本研究表明，不同土地利用方式有不同的 Q_{10} 值，三叶草地为 2.13，而云杉人工林为 1.68。草地土壤呼吸对土壤温度的响应要比林地更敏感，这也是草地土壤呼吸极值出现时间比林地提前的主要原因。所以，草地土壤呼吸的温度敏感性最强，气温升高对草地土壤 CO_2 的释放量影响最明显。前人研究表明，Q_{10} 值大多与土壤温度呈显著的负相关关系。如 Kutesch 等（1997）对德国北部农田的土壤呼吸研究表明，在温度较低的冬季，Q_{10} 值明显高于夏季。为消除其它因子如土壤湿度对土壤呼吸的影响，Kirschbaum（1995）综合了许多控制试验后发现，Q_{10} 值在低温下较高，而在高温下较低。温度为 20℃时，Q_{10} 值为 2.5 左右，而温度在 0℃时，Q_{10} 值却能高达 8，温度和 Q_{10} 值之间存在负相关关系。对加利福尼亚州南部森林的研究发现，Q_{10} 值与土壤温度存在显著的负相关关系（Qi 等，2002）。Mark 等（2001）综合不同纬度（北极、寒温带、温带和热带）土壤呼吸和土壤温度的关系后也发现，Q_{10} 值随着土壤温度的增加而降低。王淼等（2003）对长白山不同森林类型、张金波等（2005）和王小国等（2007）对不同土地利用方式的研究表明，温度在一定范围内影响土壤呼吸温度敏感性的大小。本研究表明，Q_{10} 值与土壤温度呈显著的负相关关系，此结果与前人的研究结果相一致。本研究的 3 种土地利用方式下，土壤呼吸与土壤温度在低温时的拟合效果要优于高温时段。当土壤温度高于 23℃时，Q_{10} 值在 1.56～1.83 之间，而温度低于 23℃时，Q_{10} 值略高。表明低温条件下土壤呼吸对温度的变化更敏感。

Q_{10} 值是反映土壤碳释放对气候变暖反馈强度的一个关键指标，在全球气候变暖的背景下，土壤呼吸的温度敏感性在相当大的程度上决定着从土壤到大气的 CO_2 净释放量，而 Q_{10} 值的大小受土地覆盖或土地利用类型的影响。如当林地转换成草地后，土壤的温度敏感性得以提高。这表明在全球变暖的背景下，草地的碳释放对全球变暖具有更大的反馈作用。所以，土地利用方式转变不仅会导致短期内土壤碳排放量的显著改变，且这种转变对全球变暖的反馈效应会长期存在。

土壤呼吸作为土壤碳循环的重要组成部分，在全球变暖的气候背景下，土地利用方式转变导致的土壤碳排放量的变化最终会引起土壤碳储量的变化。周涛等（2006）认为土地利用及其变化对土壤有机碳储量具有明显的影响。一方面，土地利用变化直接改变了生态系统的类型，从而改变了生态系统的 NPP 量及相应的土壤有机碳的输入。另一方面，由于土地利用变化潜在地改变了土壤的理化属性，从而改变了土壤呼吸的温度敏感性，Q_{10} 值的改变反过来又会间接影响气候变暖背景下土壤有机碳释放的强度，从而间接地影响到土壤的碳储量变化。而土壤碳储量的变化最终会导致大气 CO_2 浓度的变化。所以，长期土地利用方式的改变是大气 CO_2 浓度不断升高的主要原因之一。

研究表明，大面积的人工造林将有助于增强陆地生态系统的固碳功能，而生态系统固碳能力的大小取决于生产力水平和土壤碳排放量的差值。所以，通过弃耕地恢复为森林或者减少森林砍伐等保护性的土地利用措施，尽可能地减少陆地生态系统向大气的 CO_2 净排放，增加生态系统的固碳潜力，将对减缓全球变化起到积极作用。

4.3　不同土地利用方式下的土壤碳密度

土壤碳是陆地碳的重要组分部分。据估算，全球 1 m 深的土壤中储存的有机碳量约为 $1.5×10^{12}$ t，约为陆地植被总碳储量的 4.5 倍，大气碳库的 2 倍（Lal，2005）。在陆地生态系统中，植物根系、土壤碳库和土壤呼吸是地下碳收支的重要组成部分，对于各碳库储量以及土壤碳通量的研究是陆地生态系统碳循环研究的重要部分（Deng 等，2014；Houghton 等，2017）。但与地上碳库相比，地下碳循环过程是目前生态学过程研究中的"瓶颈"（Copley，2000；Fontaine 等，2007；贺金生等，2004）。揭示生态系统的土壤碳累积和土壤碳排放的动态规律，是准确评估人工林生态系统的碳源（汇）功能及其固碳潜力的基础（Lal，2004）。所以，土壤碳储量及其动态研究对预测大气 CO_2 含量及增加土壤碳汇具有重要意义；同时，也可为土壤碳循环模型提供实践依据。

土地利用变化是除工业化之外，人类对自然生态系统最重要的影响因素（Turner 等，2000）。土地利用和覆盖变化可以通过改变生态系统的结构（物种组成，生物量）和功能（生物多样性，能量平衡，碳、氮、水循环等）影响生态系统碳循环过程（Deng 等，2014；Houghton 等，2017；陈广生等，2007）。所以，土地利用类型是决定陆地生态系统碳储存的重要因素，土地覆盖形式由一种类型转变为另一种类型时往往伴随大量的碳交换（Bolin，2000）。在全球碳平衡的计算中，土地利用变化是估测陆地生态系统碳储存和碳释放中最大的不确定因素（Levy 等，2004）。土壤有机碳的变化和储存与土地利用活动密切相关（Deng 等，2014；Houghton 等，2017）。研究表明，自工业革命以来，大约有 $4.1×10^{11}$ t 的 CO_2 被释放进入大气，导致大气中 CO_2 的浓度每年以 0.4% 的速度递增，其中林地转变为其它土地利用类型产生的 CO_2 占排放总量的 33%。目前，土地利用方式的转变对温室气体和陆地生态系统碳吸存的影响是全球碳循环和全球变化研究的热点之一。

　　土地利用变化通过改变地表覆被，一方面改变着地表的净初级生产力，另一方面也直接影响到陆地生态系统对大气中 CO_2 的吸存。土地利用变化通过影响植被和土壤的碳固定与碳排放，从而影响陆地生态系统的源 / 汇功能，土地利用变化既可改变土壤有机物的输入，又可通过改变小气候和土壤条件来影响土壤有机碳的分解速率，从而改变土壤有机碳储量（Deng 等，2014；Houghton 等，2017；Liu 等，2017）。所以，土地利用变化不仅是影响陆地生态系统碳循环的最大因素之一，也是仅次于化石燃料燃烧的主要人为干扰。20 世纪后期以来，土地利用方式转变已经成为影响全球生态系统格局、结构和过程变化的主要驱动力。因此，在全球变化的背景下，对土地利用方式的土壤有机碳储量及分布进行研究，对减缓土壤中温室气体排放、增加土壤碳吸存具有重要意义。

　　本研究通过不同土地利用方式下（人工林地、草地及农田）土壤碳库的研究，分析了土地利用和土地覆盖变化对土壤有机碳储量的影响，旨在为估算地区土壤碳收支提供科学依据。

4.3.1　人工林地与农田的土壤碳密度比较

　　太原地区杨树人工林 0～30 cm 土层的土壤有机碳含量（SOC）在 13.3～20.2 g/kg 之间，土壤有机碳含量均值为 16.55 g/kg。而附近玉米农田土壤有机碳含量分布在 10.7～17.4 g/kg 之间，SOC 均值仅 13.96 g/kg。林地比农田平均高 18.6%。土壤有机碳含量均表现出明显的垂直递减特征，0～10 cm 土层的土壤有机碳含量最高，然后随深度减小。农田也有相同的变化特征，但整体变化幅度略小。

　　通过 0～30 cm 土层有机碳密度的估算，表明 17 年生杨树林地 0～30 cm 深度的土壤碳密度为 57.58 t/hm^2，7 年生杨树林地 0～30 cm 土壤碳密度为 51.18 t/hm^2。而农田 0～30 cm 深度的土壤碳密度为 48.10 t/hm^2（图 4-7）。林地与农田的土壤有机碳密度存在显著差异（$P<0.01$）。

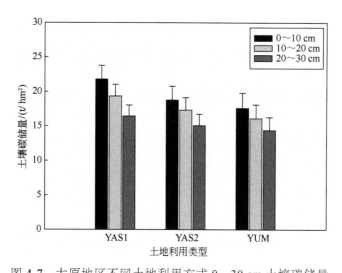

图 4-7　太原地区不同土地利用方式 0～30 cm 土壤碳储量

注：YAS1—17 年杨树林地；YAS2—7 年杨树林地；YUM—玉米农田

在 0～30 cm 土层中，太原杨树人工林样地细根生物量与土壤碳储量表现出一致的变化趋势，均随土层深度的增加而减少。相关分析表明，土壤有机质含量与细根生物量之间存在显著正相关（R^2=0.703，P<0.01），这表明土壤有机质等养分因子是细根生长的重要影响因素。与玉米农田相比，造林后，杨树人工林土壤碳密度呈现随树龄增加的趋势，17 年生杨树林地土壤碳储量增加速率为 0.56 t/(hm²·a)。

4.3.2　人工林地与草地的土壤碳密度比较

在伊犁地区，杨树、云杉和三叶草是典型的土地利用方式或植被类型。测定结果表明，在 0～30 cm 土层，杨树、云杉人工林和三叶草地的土壤有机碳含量（SOC）分别为 14.85 g/kg、11.97 g/kg 和 16.39 g/kg。3 种植被类型的土壤有机碳含量均表现出明显的垂直变化特征，0～10 cm 土层的土壤有机碳含量最高，然后随深度逐渐减小。方差分析表明，3 种土地利用方式的土壤有机碳含量存在显著差异（P<0.01）。

伊犁地区杨树成熟林、云杉人工林、三叶草地和农田 0～30 cm 深度的土壤碳密度分别为 55.91 t/hm²、44.53 t/hm²、58.90 t/hm² 和 53.17 t/hm²（图 4-8），其中三叶草地矿质土壤的碳密度最大。如果考虑枯枝落叶层碳储量，杨树成熟林下枯落层碳储量为 3.69 t/hm²，杨树成熟林土壤碳储量可达 59.60 t/hm²，3 种土地利用方式的土壤有机碳储量存在显著差异（P<0.01）。

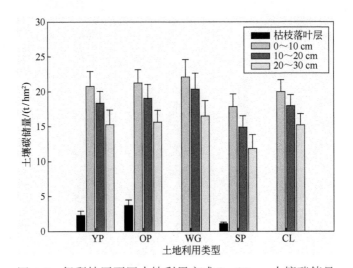

图 4-8　伊犁地区不同土地利用方式 0~30 cm 土壤碳储量

注：WG—三叶草地；YP—杨树幼林；OP—杨树成熟林；SP—云杉林；CL—农田

与农田相比，造林后，杨树人工林土壤碳储量逐渐增加，杨树成熟林的土壤碳储量以 0.43 t/(hm²·a)的速率增加。云杉人工林、杨树成熟林、杨树幼林、三叶草地的枯枝落叶层 C/N 比为 55.5、41.1、35.9 和 14.5，不同植被类型之间存在显著差异（$P<0.01$）。相关分析表明，杨树人工林地的土壤有机质、全氮与细根生物量之间的相关性均达到极显著水平（$P<0.01$），表明土壤有机质、全氮等养分因子与细根之间关系密切。

4.3.3　农田造林可增加土壤碳储量

人类活动所引起的土地利用和土地覆盖变化直接影响土壤碳库动态和碳循环过程。目前，由土地利用变化每年向大气中排放的碳量为 1.6 Pg，约占人类活动总排放量的 20%（Deng 等，2014；Houghton 等，2012）。有关土地利用变化对土壤碳库影响的研究，主要表现在土地利用方式的转变，如林地和耕地是最为常见的转换类型。造林后的土壤碳储量的变化在文献中已有很多研究。有研究认为，在温带地区，造林能够在短期内增加土壤碳储量（Grigal 等，1998；Charles 等，2002），也有研究表明，造林后土壤碳储量通常是最初下降，然后才开始积累（Turner 等，2000；Paul 等，2002）。不论是重新造林还是恢复成林，其在生长过程中的碳动态研究都表明，森林重建一般都会提高土壤的固碳能力。这种固碳效果在幼龄期还不是很明显，但随着林木成熟，这种作用会愈加显著（Grunzweig 等，2003；胡会峰和刘国华，2006）。

本研究表明，林地的土壤有机碳储量显著高于附近农田，这说明农田造林可以提高土壤碳储量，且随着林龄增加，土壤碳储量的增加更为明显。这与以往的研究结果相一致。

土地利用或覆盖类型是决定陆地生态系统碳储存的重要因素，土地覆盖形式由一种类型转变为另一种类型往往伴随着大量的碳交换（Bolin，2000）。人工林与农田相比，不仅地表积累有大量枯落物，而且大量根系的死亡周转可以增加土壤的碳输入（Ross 等，1999；Scott 等，1999）。前人的研究表明，从农田到人工林的土地利用转变，使土壤碳储量增加了 18%（Guo 等，2002）。同时造林能促进土壤有机碳与微团聚体和黏土的结合，提高受物理保护的土壤有机碳的稳定。Lugo 等（1986）研究表明，当农田恢复为森林 50 年后，土壤碳含量可以恢复到原有水平的 75%。Paul 等（2002）对全球 204 个造林样地的土壤碳数据分析发现，在造林后初始 5 年，土壤碳含量约下降 3.64%，之后逐渐增加。Tan & Rattan（2005）通过分析美国俄亥俄州的长期土壤数据，表明农田退耕还林有利于提高土壤有机碳蓄积能力。对潮棕壤 4 种不同土地利用方式（玉米地、水稻地、林地、撂荒地）的研究结果表明，在 1 m 深度内，林地土壤每年截获的有机碳分别比撂荒地、水稻地、玉米地多 4.48 t/hm^2、4.25 t/hm^2 和 2.87 t/hm^2。王小利等（2007）的研究表明，由于林地的郁闭度和地上生物量较高，其土壤有机碳的累积量远大于农田和未成林地。本研究表明，在伊犁地区，玉米农田造林 8 年后，土壤有机碳增加了 3.52 t/hm^2；15 年后增加了 6.34 t/hm^2。在太原地区的研究表明，玉米农田造林 7 年后，土壤有机碳增加了 3.08 t/hm^2；17 年后增加了 9.48 t/hm^2。说明黄土丘陵沟壑区退耕还林等土地利用优化措施明显促进了土壤有机碳的累积。Post & Kwon（2000）的研究表明，不同气候区域，造林后的土壤碳变化率在 0～3 t/(hm^2·a) 之间。本研究表明，15 年和 17 年生杨树林地土壤碳储量增加速率为 0.43 t/(hm^2·a) 和 0.56 t/(hm^2·a)。因此，林地在提高土壤碳储量方面具有较大潜力，且这种趋势随造林时间增加会愈加明显。

土地利用变化对土壤碳储量的影响取决于土地利用方式的类型（杨景成等，2003；Machmuller 等，2015）。森林被开垦为农田后，土壤碳储量的损失因气候、土壤初始碳含量和管理措施的不同而不同。一般而言，1 m 深度土层内的土壤碳库损失约占 25%～30%（Houghton 等，2017），耕作层（0～20 cm）损失最大，可达 40%。森林用作农田后，土壤碳含量一直处于下降状态，尤其在前 5 年，与森林砍伐类似，一般需经过 20～50 年才可使土壤碳含量增加（Paul 等，2002）。主要原因是地表凋落物的输入减少，同时耕作破坏了土壤团聚体结构，使有机质暴露，加快了其分解速度。而且大部分农田的地上生物量都被收获，只有根茬遗留在土壤中，这些被收获的生物量最终以 CO_2 的形式释放到大气中。因此，森林向农田的转化都会造成大量土壤有机碳释放到大气中。研究表明，森林或草地向农田的转化能导致 27%～42%左右的土壤有机碳释放到大气中（Guo 等，2002；Houghton 等，2017）。所以，森林向农田的转化是造成大气 CO_2 含量急剧增加的主要原因之一。

土壤有机碳含量受到多方面因素的影响，如土壤理化性质、凋落物的输入、土壤微生物活动等。本研究中，表层土壤有机碳含量最大，这是因为枯枝落叶主要集中在表层，微生物活性和生化反应较强，因而有利于表层土壤碳的形成和积累。Vesterdal 等（1998）的研究也发现，0～5 cm 表层土壤碳密度和碳储量随林龄增长而增加，而在 5～25 cm 深度则随树龄增加而下降。Sartori 等（2007）研究发现，随着林龄增加，表层土壤碳的增加更明显。本研究中表层土壤有机碳的变化更为明显，这与以往的研究结果相一致。

人工林作为一种重要的土地利用类型，其土壤碳的输入、分解、储存对减缓全球变化有重要意义。Houghton（2003）的研究表明，美国陆地在从源到汇的转变中，弃耕农田上的森林再生是其主要原因。据估计，北美地区的森林一年可吸收 $1.7×10^9$ t 碳，北美陆地碳汇主要归功于在弃耕农田和森林采伐迹地上的森林再生（Fan 等，1998）。近 30 年来，"退耕还林还草"政策和中国的六大造林工程促使森林覆盖率不断增加。研究表明，我国近几十年的森林碳汇，主要来源于人工林的贡献。大面积的人工造林将有助于增强陆地生态系统的碳汇功能，而土壤碳储量是其重要的组成部分。在宏观尺度上，以中国科学院"应对气候变化的碳收支认证及相关问题"碳专项为代表，对国家重大植树造林工程的土壤固碳效应进行了评估，从 2000 年到 2010 年，北方防护林建设工程年增土壤碳储量为 3.2 t/(hm² ·a)（Lu 等，2018）。所以，应加强造林后的土壤碳储量研究，对准确评估整个人工林生态系统的碳汇功能具有重要意义。

4.3.4　细根是林地土壤碳库的重要来源

土壤中的有机质主要有两个来源，一是地上部分的凋落物，另一个是细根。在森林生态系统中，通过细根周转，向土壤中输入的碳被认为是陆地碳循环和营养循环的重要组成部分。细根周转大约消耗净生产力（NPP）60%以上。研究表明，通过细根周转而归还到土壤中的碳超过地上凋落物的碳输入（Raich 等，1989；黄建辉等，1999；裴智琴等，2011），是生态系统土壤碳循环中不可忽视的组分。

研究表明，杨树土壤有机碳大部分来源于根系（Richter 等，1999），这与细根巨大的净生产量和周转量有关。Teklay & Chang（2008）认为地下凋落物增加了杨树人工林的土壤碳输入，有助于增加土壤碳储量。Grigal 和 Berguson（1998）认为 15 年生杨树人工林，每年由根系输入土壤的有机碳可达 1.2 t/(hm^2·a)。本研究也表明，太原杨树人工林样地细根生物量与土壤碳储量表现出一致的变化趋势，均随土层深度的增加而减少。相关分析表明，土壤有机质含量与细根生物量之间存在显著相关（$R^2 = 0.703$，$P < 0.01$）。该结果表明，一方面土壤有机质等养分因子是细根生长的重要影响因素；另一方面，细根的生长周转与土壤有机碳含量密切相关，死亡细根对土壤的碳输入是土壤碳储量增加的重要途径。

4.3.5　土地利用方式对土壤碳储量的影响机制

土地利用或覆盖变化通过影响生态系统的生产力，改变生态系统的小气候状况（Scott 等，1999），从而影响凋落物的质量（C/N 比、单宁和纤维素含量等）、分解速率和土壤碳储量。目前关于林地与草地转换对土壤碳储量的影响还未有统一的结论。研究表明，森林转化为草地后，土壤可能成为碳汇或碳源（Houghton，1995；Post & Kwon，2000）。土壤的碳源或碳汇转变主要取决于土地类型、气候条件以及管理措施等。Tare 等（2000）在对山毛榉转化为丛生草地的研究中发现，转化后草地的土壤碳储量比山毛榉林地高出 13%。Guo 和 Giford（2002）通过总结分析 176 个研究样点数据后发现，森林转化为草地后，土壤的碳源或碳汇关系可能取决于区域降水量和土壤取样深度，在 2000~3000 mm 降雨量的区域，森林转化为草地后土壤是一个碳汇（土壤碳储量增加 24%），其它情况下土壤碳储量可能不变或减少；而如果取样深度小于 100 cm，则森林转化为草地后土壤表现为碳汇（增加 7%~13%）。

本研究表明，伊犁地区 3 种土地利用方式的土壤有机碳密度存在显著差异（$P < 0.01$）。其中，三叶草地 0~30 cm 的土壤碳密度最大，为 58.90 t/hm^2，而云杉人工林最小，为 44.53 t/hm^2。首要原因是不同植被类型根系的差异。三叶草的根系发达，纵横交错，且生长快。比较而言，树木的根系生长速度较慢，且分布较深，尤其是云杉，根系生长速度非常缓慢，并且根系生物量小。这说明不同植被类型通过根系死亡周转输入土壤的有机碳存在显著差异。同时，不同植被类型凋落物的分解速度相差较大。研究表明，在针叶树云杉的凋落物中，C/N 比和纤维素含量较高，分解速度慢，导致输入土壤的有机碳较少，这也是云杉人工林土壤碳储量最小的重要原因。

　　可见，林地与草地的土地利用方式转换对土壤碳储量有显著影响。由于土地利用方式可以改变土壤碳循环过程，从而在很大程度上改变土壤碳储量。因此，土地利用方式转变对碳库储量的影响研究将有助于减少全球土壤碳收支评估的不确定性。

第**5**章

杨树人工林根系动态与碳循环

树木根系是树木个体与土壤环境进行物质交换和能量输送的桥梁，其中，细根（直径<2mm）具有巨大的吸收表面积，承担着根系的主要吸收功能，对树木水分和养分吸收密切相关（Boone 等，1998；Pregitzer 等，2000）。细根由于周期性的衰老死亡，对生态系统碳分配格局具有重大影响（Hendricks 等，1993）。通常，陆地生态系统的细根生物量只占地下总生物量的 3%～30% 左右，但由于细根处于不断周转之中，维持这个过程需要消耗净初级生产力的 10%～75%（Gill 等，2000）。因此，树木细根是生态系统碳循环的核心，其形态、功能及其影响因素成为碳循环研究的热点。

土壤呼吸主要由微生物的异养呼吸作用及根系的自养呼吸组成（Raich 等，1992）。林木根系呼吸每年所消耗的呼吸底物占林木总光合作用产物的 50% 左右（Lambers 等，1996），是森林地下碳库的重要碳通量之一，约占森林土壤呼吸的 10%～90%，在森林地下碳循环及确定森林地下碳库的源（或汇）功能中起着关键性作用（Hanson 等，2000），其动态变化将对森林生态系统乃至全球碳平衡产生深远影响（Boone 等，1998；Pregitzer 等，2000；Bond-lamberty 等，2004；于水强等，2020）。土壤异养呼吸作用实际上是土壤有机质的分解过程，土壤有机质为微生物活动提供能源（Kirschbaum，2006；沈瑞昌等，2018），也称为微生物呼吸作用。

根系呼吸与微生物呼吸对环境变量（如土壤温度和水分）的响应和适应性存在差异（Boone 等，1998；Lee 等，2003；沈瑞昌等，2018）。在全球变暖的大背景下，它们在不同的时间尺度上可能有不同的变化格局。光合碳的供应是影响根系呼吸的首要因子，而微生物呼吸的基质主要来源于土壤活性碳（Bond-Lamberty 等，2004）。所以，准确评估全球变化下的土壤碳循环作用，土壤呼吸组分的分离和量化十分必要。

在自然条件下，土壤温度是植物根系呼吸的主要驱动因子之一（Pregitzer 等，

2000）。在林内光照和水分对植物生理活动不产生限制的条件下，在 10～35℃ 范围内，随土壤温度增高，根生长和代谢活动加快，吸收和呼吸作用加强。根系呼吸与植物地上部分的光合速率紧密相连，呼吸强度与光合产物的地下分配有关（Högberg 等，2001）。同时，影响根系呼吸的主要因素还有土壤湿度（Burton 等，1998）、根直径大小（Pregitzer 等，1998）、根组织氮浓度（Pregitzer 等，2002）、养分有效性（Zogg 等，1996）以及树木年龄（Bouma 等，2001）等等。

随着人工林面积和蓄积量的持续增加，人工林在全球碳循环及减缓气候变化中占据越来越重要的位置。然而长期以来，有关人工林的研究大多集中在地上部分，与草地（李凌浩等，2002）和天然林（陈光水等，2005）等生态系统类型相比，有关人工林根系呼吸的研究非常缺乏（王延平等，2016）。本研究基于连续测定的 3 个生长阶段杨树人工林的根系呼吸，深入分析土壤水热因子及根系生物量对人工林根系呼吸的影响，阐明不同林龄人工林根系呼吸速率动态及其影响因子，旨在为人工林固碳效益评估及管理提供参考。

5.1　实验设计与样品采集

5.1.1　根系呼吸与异养呼吸的区分

根系呼吸采用挖壕法测定（Bond-Lamberty，2004）。2007 年 4 月在每块固定样地的外围距样地边界 2～3 m 处，随机选择 4 个 50 cm × 50 cm 小样方，在小样方四周挖壕深至 75 cm（根系主分布层以下），切断样方周围的所有根系。壕内用双层厚塑料布隔离，返土回填，并除去小样方内所有活体植物。在随后的测定中始终保持小样方内没有活体植物。在每个小样方内安置一个土壤圈，安置方法同前。

自 2007 年 5 月中旬起，与常规的土壤呼吸测定同步，测定挖壕样方内的土壤呼吸（假定不包含根系呼吸，即异养呼吸）；而非挖壕样地的土壤呼吸包含了根系呼吸和异养呼吸。挖壕样方与非挖壕样方土壤呼吸之差，即被认为是根系呼吸。由于挖壕法断根之后根系不会立即死亡，仍会呼吸并释放出 CO_2。所以，前期观测可能会低估根系呼吸强度。

5.1.2　细根研究方法

（1）细根采集

2010 年 4 月，在太原样地，随机选取 3 个毛白杨样地（表 4-2），样地面积

25 m×30 m。在 2010 年生长季（4～10 月），每月采集细根一次，每样地共 6～8 个样点。用内径 8.0 cm 的土钻在每个土壤圈附近随机钻取土芯，按 0～10 cm、10～20 cm 和 20～40 cm 分割土芯，用塑料袋装好后带回林场的简易实验室。把土样放在土壤套筛上，用自来水浸泡、漂洗、过筛，拣出直径小于 2 mm 的细根。再根据外形、颜色、弹性、根皮与中柱分离的难易程度来区分活根与死根。将分好的根样在 80℃烘干至恒重后用电子天平（±0.01 g）称重，计算细根现存量：

$$细根生物量（t/hm^2）=\frac{土芯细根干重（g）×10^2}{\pi×（4.0\ cm）^2} \tag{5-1}$$

在对照样地附近，分别随机选取 3 个人工林样地，浇水（350 m³/hm²）3 次后，用土钻随机收集灌溉样地的细根。细根取样方法与上同。实验期间，对照样地有效降水稀少。

（2）细根分解及周转

把细根冲洗后自然风干，剪为 3 cm 的小段，称取干样 5 g，装入 20 cm×20 cm、孔径为 0.5 mm 的尼龙网袋中。将网袋埋入各样方 10 cm 土层处，表层覆盖凋落物。以后每 2 月取样 1 次，随机抽取样品 3 袋，除去附着的土壤、杂物和新长入的细根。用清水漂洗后，在 80℃烘干至恒量。采用 Olson 指数方程（Olson，1963）进行分析，求得年残留率、年分解率及分解量 D。

$$X/X_0=e^{-Kt} \tag{5-2}$$

式中，X_0、X 分别为细根初始干质量和分解时间 360 d 时的残留干质量，g；K 为年分解系数。

采用 McClaugherty 等（1982）建立的方法，计算细根年生产量和周转率：

$$M=X_{max}-X_{min}+D \tag{5-3}$$

$$P=Y_{max}-Y_{min}+M \tag{5-4}$$

$$T=P/Y \tag{5-5}$$

式中，M 为细根年死亡量；P 为细根年生长量；X_{max} 为年内死细根生物量最大值；X_{min} 为年内死细根生物量最小值；Y_{max} 为活细根年内生物量最大值；Y_{min} 为活细根年内生物量最小值；T 为细根年周转率；Y 为活细根平均生物量。

细根碳储量由下式计算：

$$细根碳储量（g/m^2）=细根生物量（g/m^2）×C（\%） \tag{5-6}$$

5.1.3　数据处理

使用 ANOVA 检验根系呼吸、细根生物量及土壤温度等参数在不同处理间差异的显著性。配对 t 检验用来比较灌溉前后细根生物量等参数的差异。采用多元逐步回归拟合呼吸速率与根系生物量、土壤温度及其它因子的变化规律。用相关分析分析土壤呼吸、细根生物量与土壤因子的相关关系。显著性水平为 $α = 0.05$ 或 $α = 0.01$。根系呼吸与土壤温度的拟合模型如下：

指数模型 $\qquad\qquad Ra = ae^{bT}$ （5-7）

土壤呼吸的温度适应性 $\quad Q_{10} = e^{10b}$ （5-8）

其中，a、b 为拟合参数；Ra 为根系呼吸；T 为 5 cm 土壤温度。

5.2　人工林根系呼吸动态

5.2.1　根系呼吸的季节变化

3 个不同树龄林地的土壤呼吸速率及根系呼吸速率均呈明显的季节单峰曲线（图 5-1～图 5-3）。土壤呼吸速率最大峰值出现在 7 月中旬，根系呼吸的峰值出现在 6 月中旬，早于土壤呼吸峰值，而最小值出现在 5 月份或气温最低的 9 月份。在整个生长季，2 年、7 年和 12 年生人工林根系呼吸速率变化范围分别在 2.05～4.75 μmol/(m² ·s)、1.63～3.60 μmol/(m² ·s) 和 0.62～3.72 μmol/(m² ·s) 之间。2 年生人工林的平均根系呼吸速率为 3.78 μmol/(m² ·s)，分别是 7 年生和 12 年生人工林根系呼吸速率的 1.52 倍和 1.74 倍。ANOVA 检验表明，3 个不同树龄林地的根系呼吸速率差异显著（$P < 0.01$）。

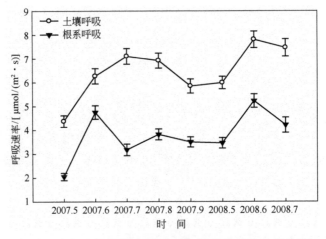

图 5-1　2 年生杨树林土壤呼吸与根系呼吸的季节变化

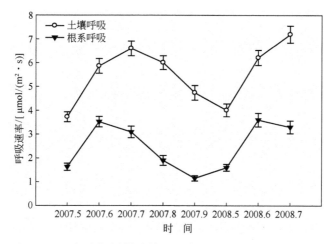

图 5-2　7 年生杨树林土壤呼吸与根系呼吸的季节变化

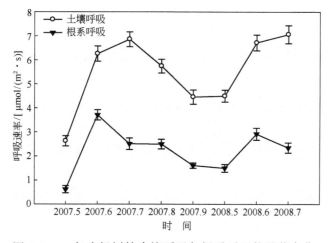

图 5-3　12 年生杨树林土壤呼吸与根系呼吸的季节变化

5.2.2　根系呼吸对土壤呼吸的贡献

从图 5-4 可以看出，在整个生长季，根系呼吸所占比例的最大值为 75.6%（6 月份的 2 年生林地），最小值为 23.6%（5 月份的 12 年生林地），3 个不同树龄林地的根系呼吸平均所占比例分别为 38.6%、43.8% 和 58.0%（图 5-4）。因第一次（5 月份）观测值可能会低估根系呼吸速率，所以不考虑 5 月份观测值，则根系呼吸所占比例介于 41%～60% 之间。这一比例关系基本表现为：2年生林地＞7 年生林地＞12 年生林地。根系呼吸所占的比例没有明显的季节变化，多数样地 6 月份所占比例最大，5 月份或 9 月份比例最小。

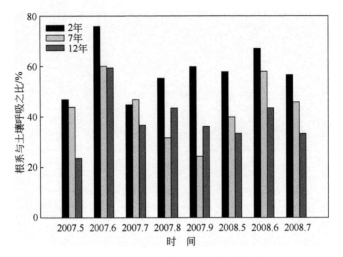

图 5-4 杨树人工林根系呼吸对土壤呼吸的贡献

5.2.3 土壤环境因子及细根动态

在整个生长季，2 年、7 年和 12 年生人工林 0～40 cm 土层的细根生物量分别为 3.63 t/hm²、3.18 t/hm² 和 3.11 t/hm²，年龄间差异均未达显著水平（$P > 0.05$）。2 年生林地活细根生物量约占总细根生物量的 74.6%，而 12 年生林地中，约 66.1% 的细根为死根。细根生物量从生长季初期的 5 月份开始增加，直到 7 月份达到最大值，随后在 9 月份明显下降。不同林分细根生物量均随土壤深度增加而减少，最大值出现在 0～10 cm，如 2 年生林地 7 月份细根生物量高达 1.67 t/hm²，分别是 7 年生和 12 年生林地的 1.13 倍和 1.24 倍，差异显著（$P < 0.05$）。

在整个生长季，2 年、7 年和 12 年生人工林地 5 cm 的平均土壤温度分别为 24.3℃、22.8℃ 和 20.4℃。表层土壤温度有明显的季节变化，5 cm 平均土壤温度在 5 月份、7 月份和 9 月份分别为 15.9℃、27.8℃ 和 14.9℃，基本上与根系呼吸的季节变化相一致。在生长季，因所有林地每月灌溉一次，基本上保证了人工林的用水需求。各林地的土壤含水量没有显著差异（$P > 0.05$），且季节波动不明显。相关分析表明，土壤含水量与根系呼吸不相关（$P > 0.05$）。

相关分析表明，根系呼吸速率与 5 cm 土壤温度呈指数相关（$P < 0.05$，$R^2 = 0.65$），且细根生物量与根系呼吸呈显著正相关（$P < 0.05$，$R^2 = 0.66$）。利用 0～10 cm 的细根生物量（Bf）与 5 cm 土壤温度（T）对根系呼吸（Ra）进行非线性拟合，得拟合方程：

$$Ra = 0.112e^{0.119(Bf+T)} \quad R^2 = 0.76, \quad P < 0.01 \quad\quad (5\text{-}9)$$

与指数方程相比，双因素拟合方程的相关系数大大提高，根系呼吸速率主要由表土层的细根生物量与土壤温度共同决定。值得注意的是，6 月份根系呼吸速率最大，而细根生物量与土壤温度的最大值均出现在 7 月份，这是整个生长季根系呼吸与其主要影响因子唯一不同步的地方，且 3 个龄级林地均有相似的变化规律，可能表明根系呼吸的季节变化还有其它影响因素。

5.2.4　根系呼吸与树龄的关系

植物细根在陆地碳和养分循环中发挥着重要作用（Hendricks，1993）。据报道，对大多数陆地生态系统来说，根系呼吸对土壤总呼吸的贡献比例一般为30%～50%（Raich & Schlesinger，1992）。本研究测得的根系呼吸所占比例介于 38.6%～58.0%之间，与以往研究结果相近。陈光水等（2005）用挖壕法研究表明，格氏栲天然林、格氏栲人工林和杉木人工林的这一比例为 40.2%～47.6%，且根系呼吸占土壤呼吸比例均以冬季最低，而以 5 月份或 6 月份最高。Tang 等（2005）用相同方法研究了美国内华达山区松树人工林的土壤呼吸组分，发现在生长季，根系呼吸约占总土壤呼吸的 56%。Lee 等（2003）用挖壕法研究了40 年的次生阔叶落叶林，发现挖壕样地与对照有相似的季节变化规律。总的来说，根系呼吸约占总土壤呼吸的 32%～48%。由此可见，大部分研究的根系呼吸占土壤呼吸的 50%左右，估计这种差异很可能与树种、树龄和不同气候条件有关。

Ohashi 等（2000）估算出日本雪松的根系呼吸约占土壤呼吸的 49%。如果考虑根的分解，则占 57%。Nakane 等（1996）用相同的方法观测了成熟红松林的土壤呼吸，发现根呼吸约占土壤呼吸的 47%～51%。Ohashi（2000）等将两个红松林根呼吸的差异归结为林龄及与之相关的代谢活性的不同，前者的林龄仅为 10 年，而后者处于成熟阶段。比较而言，幼龄雪松的根系生长迅速，有较旺盛的代谢活动，所以呼吸作用强。研究表明，3 年生山毛榉树苗（ *Fagus sylvatica* L.）的根呼吸强度为 1.88 mg/(g·h)（上官周平，2000），而10 年生山毛榉树苗的根呼吸速率仅为 0.08～1.55 mg/(g·h)（Gansert，1994）。Bouma 等（2001）对苹果和柑橘树的细根呼吸进行研究，发现呼吸速率随生长天数的增加而下降，且柑橘的幼根有非常高的呼吸速率（$P < 0.05$）。通常认为这种差异与根的吸收能力和酶活性有关，一般老根的吸收能力与酶活性会降低。本研究中，2 年生林地活细根生物量约占总细根生物量的 74.6%，而12 年生林地中，约 66.1%的细根为死根。总的来说，最细和最嫩的根活性与呼吸作用最强。

研究表明，幼林为满足其快速生长对养分和水分的需要，常常会加大地下碳的分配比例，促进根系构建及生长，而随着森林成熟，地下碳分配比例会下降。在成熟阶段，根系生物量约占总生物量的 25%～35%（Heilman，1994；Pregitzer 等，1996），而在幼龄阶段，可高达 63%（King 等，1999；Yin，2004）。按照 Block 等（2006）的研究，2 年生杨树的细根周转率为 3.5～4.1 a^{-1}，而 Coleman 等（2000）发现 12 年生杨树的细根周转率仅为 0.42 a^{-1}。幼龄阶段根系的快速生长和周转会导致高的生长呼吸，随着树木年龄的增长，根呼吸以维持呼吸为主。

5.2.5 根系呼吸主要影响因子分析

根系呼吸作用受许多生物和非生物因子的控制，如根系动态、土壤温度、水分和土壤养分。在光照与水分充足的条件下，土壤温度可以加速根系生长、死亡，提高根的吸收与呼吸作用（Forbes，1997；Pregitzer 等，2000）。King 等（1999）发现，温度升高增加了白杨细根的生产与死亡。Ohashi 等（2000）的研究表明，日本雪松的根呼吸与表土层温度显著相关，呈明显季节变化。大多数研究表明，树木根呼吸随土壤温度呈现指数增长（Pregitzer 等，2000；陈光水，2005），且 Q_{10} 值有较大的变动范围，如从 2.1（Zogg，1996）、2.0（Ryan，1996）到 1.5（Lawrence，1983）不等。Epron 等（2001）通过测定山毛榉林（*Fagus sylvatica* L.）根际呼吸对季节温度变化的敏感性，发现根呼吸的 Q_{10} 值为 3.9。Boone 等（1998）在温带落叶混交林实验中发现根呼吸 Q_{10} 值高达 4.6。根系呼吸的不同 Q_{10} 值可能与树种、温度变化范围、土壤水分有关。本研究的 Q_{10} 值为 1.7～2.1，处于这些研究的范围之内。由于本研究的土壤含水量在整个生长季处于较适宜状态，且季节波动小。所以土壤水分不是根系呼吸的限制因子，与根系呼吸相关不显著。指数模型表明，表层土壤温度是影响根系呼吸的主要因素。

根系生物量的季节变化也是造成根系呼吸速率变化的主要原因。相关分析表明，根系生物量与根系呼吸显著相关，且表层细根生物量与 5 cm 土壤温度是根系呼吸最主要的影响因子，共同解释根系呼吸速率变化的 76%。但根系生物量与其对土壤总呼吸的贡献无相关关系，这是因为这个比例关系同时取决于土壤微生物的呼吸强度。异养呼吸和自养呼吸有不同的发生机制与主要驱动因子。除温度与水分外，异养呼吸主要与地上枯枝落叶和地下根系死亡的碳输入有关，而自养呼吸直接取决于冠层提供的近期同化碳。所以，根系呼吸对土壤总呼吸的贡献同时受制于土壤呼吸不同组分的变化规律，是诸多生物与非生物因子共同作用的结果。

根系呼吸与根系动态密切相关。植物根系的生长呼吸与维持呼吸决定根系呼吸的大小，同时，细根的生长周转与根系分泌物增加了土壤碳的输入，导致土壤微生物活性提高，这种激发效应对碳的排放有重要影响，可能会导致土壤异养呼吸的增加。而缺少新碳供应可能不利于土壤有机碳库的分解，从而保持土壤有机碳原有的稳定性（Fontaine 等，2007）。在 CO_2 浓度升高环境下的实验同样表明，植物通过增加细根生物量和加速根的转化可增加土壤有机质的输入，但也使土壤异养微生物加速对有机质的分解，导致土壤成为一个净的碳源。

值得一提的是，在本研究中，3 个龄级的人工林的根呼吸及其所占比例的峰值均出现在早夏的 6 月份，尽管 6 月份的土壤温度和根系生物量并没有达到最大值。Bond-lamberty 等（2004）认为，除温度以外，根系的季节生长节律、地下碳分配模式都可能影响根系呼吸作用。Lee 等（2003）发现一个 40 年的次生阔叶落叶林，其根系呼吸在早夏 6 月份最高，然后下降。Ryan（1997）发现寒温带森林根系呼吸速率早春最大，秋末最小。陈光水等（2005）的研究也表明，格氏栲和杉木人工林根系呼吸占土壤呼吸比例均在 5 月或 6 月最高。早夏较强的根系呼吸作用可能与该阶段根系的大量生长及旺盛的生理活性有关。一般认为，5 月中旬到 6 月处于植物展叶期，枝叶的大量生长需要源源不断的养分供应，导致根系代谢活跃，生长与周转速率加快，根呼吸强度与冠层叶面积的增加相一致（Edwards，1977；Hanson，1993），这有助于 7～8 月植物地上生物量的积累。根系的快速生长会导致高的生长呼吸，而生长呼吸涉及新组织的形成，主要由光合产物的地下分配比例和植物物候来决定（Bond-lamberty 等，2004；Lee 等，2005），温度影响次之。由此推断，6 月份可能是根系快速生产与周转的旺季，相当一部分的光合产物分配到地下，促进了根系的吸收与呼吸作用。

总之，杨树人工林生态系统的根系呼吸主要受表层土壤温度、细根生物量和根系物候的共同影响，并且根系呼吸速率随树木年龄呈现下降趋势，这主要与根的生产周转速率和代谢活性有关。

5.3　杨树人工林细根动态

根系是连接植物与土壤的桥梁，对土壤环境因子的变化十分敏感（Vogt 等，1996），尤其是供给植物生长所需水分和养分的细根（<2 mm），其空间分布不仅决定了根系对地下资源的利用效率（Meinen 等，2009），同时还

在一定程度上决定着土壤碳储量及动态（Richter 等，1999）。细根仅占林分根系总生物量的 3%～30%，但细根周转可占净初级生产力的 10%～75%左右（Vogt 等，1996）。在温带，通过细根周转进入土壤的有机物占总输入量的14%～86.8%，是有机质和养分元素向土壤归还的主要途径。细根的垂直分布格局在很大程度上决定着土壤有机碳的垂直分布特征（Richter 等，1999），同时细根呼吸是土壤 CO_2 的主要来源之一（Yan 等，2015）。可见细根生长和动态在生态系统碳平衡和养分循环中起重要作用（McClaugherty & Aber，1982）。

除了林木本身的遗传特性，细根的垂直分布与土壤环境因子如土壤温度、养分、pH 值及容重等密切相关（Pregitzer & Friend，1996；黄林等，2012；王延平等，2016）。细根生长具有明显的季节节律，细根生物量动态可反映林木生长发育状况、土壤养分变化及细根周转特征等（Burke & Raynal，1994；温达志等，1999）。土壤水分条件是人工林培育的主要影响因子之一，缺水显著抑制林木的细根生长（Dickman 等，1996）。随着对人工林生态系统固碳功能的深入研究，细根生物量及其与土壤环境之间的关系受到广泛重视（史建伟等，2011；魏鹏等，2013；王延平等，2016）。本研究针对太原地区杨树人工林的细根生长、周转及碳储量（林地特征见表 4-2），旨在为深入研究杨树人工林地下生态学过程和增强其土壤碳汇功能提供参考依据。

5.3.1 杨树人工林细根生物量动态

（1）细根生物量的垂直变化

在生长季（4～10 月份），杨树人工林 0～40 cm 土层的细根生物量平均为241.8 g/m^2。细根生物量随土层加深明显减少，各层之间差异显著（$P < 0.01$）（图 5-5）。细根生物量主要分布于 0～10 cm 土层，平均为 104.7 g/m^2，约占整层生物量的 43.3%；其次为 10～20 cm 土层，约为 79.6 g/m^2，占整层生物量的 32.9%；20～40 cm 土层的细根明显减少，仅为 57.5 g/m^2，占整层生物量的23.8%。

杨树林 0～40 cm 土层的活细根生物量平均为 168.0 g/m^2，约占细根总生物量的 69.5%；而死细根生物量平均为 73.8 g/m^2，仅占细根总生物量的 30.5%（图5-5），两者之间差异显著（$P < 0.01$）。随土壤深度增加，活细根和死细根生物量均显著下降。活细根生物量在各层之间差异显著（$P < 0.01$），且主要分布于 0～20 cm 土层。而死细根主要分布于 0～10 cm 土层，其它土层之间差异不显著。

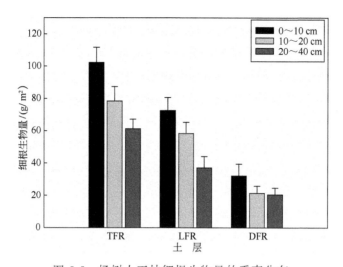

图 5-5　杨树人工林细根生物量的垂直分布

TFR—细根总生物量；LFR—活细根生物量；DFR—死细根生物量

由表 5-1 可知，杨树人工林 0～40 cm 土层的土壤容重平均为 1.18 g/cm³，随土层加深而增加。在 0～40 cm 土层中，有机质含量平均为 14.45 g/kg，全氮含量平均为 1.04 g/kg。土壤有机质和全氮含量均随土层深度的增加而明显下降。土壤 pH 值在 7.80～8.03 之间，垂直变化不明显。0～40 cm 土层 7 月份的土壤含水量平均为 20.8%，表层含水量最大。

表 5-1　杨树人工林 0～40 cm 土层理化性质

土层 /cm	有机质/ (g/kg)	全氮/ (g/kg)	土壤水分 /%	pH	土壤容重/ (g/cm³)
0～10	16.67±0.23[a]	1.28±0.05[a]	23.9±1.5[a]	7.82±0.02[a]	1.16±0.05[a]
10～20	14.88±0.19[ab]	1.08±0.05[ab]	21.4±1.3[ab]	7.85±0.02[a]	1.19±0.04[ab]
20～40	11.79±0.16[b]	0.71±0.03[b]	17.1±1.8[b]	7.86±0.03[a]	1.23±0.05[b]

注：同列数据上方不同字母 a、b 代表差异的显著性。

Pearson 相关分析表明（表 5-2），细根生物量与土壤有机质、全氮和土壤含水量之间均呈现极显著正相关（$P < 0.01$）。细根生物量与土壤容重之间呈现显著负相关（$P < 0.05$），而与土壤 pH 值相关不显著。

对全世界不同森林生态系统的细根生物量分析发现，从北方森林到寒温带、暖温带、热带森林，细根生物量呈增加趋势（张小全等，2001）。且同一气候带内，不同植被类型的细根生物量差异也很大。本研究中，杨树人工林的细根生物量约为 241.8 g/m^2，不仅远低于暖温带落叶阔叶林细根生物量的平均值（737 g/m^2）（张小全等，2001），也显著低于亚热带季风常绿阔叶林和针阔叶混交林（温达志等，1999）。由于本研究样地为杨树纯林，林分结构单一，加之造林时全面整地，天然的灌木和草本层遭到破坏，因而细根生物量较低。

表 5-2　杨树人工林细根生物量与土壤因子的相关性

相关性	TFR	OM	TN	pH	SBD	SWC
TFR		0.653**	0.757**	−0.262	−0.607*	0.682**
OM			0.753**	−0.362	−0.621*	0.377
TN				−0.288	−0.584*	0.331
pH					0.325	0.402
SBD						−0.576*
SWC						

　　* 表示 $P<0.05$；** 表示 $P<0.01$。

　　注：TFR—细根生物量；OM—土壤有机质；TN—土壤全氮；SBD—土壤容重；SWC—土壤含水量。

　　研究表明不同地区杨树人工林的细根生物量存在显著差异，例如：在拉萨河谷，杨树人工林年均细根生物量可达 414.2 g/m^2（何永涛等，2009）；秦岭北坡杨树人工林的细根生物量平均为 261.0 g/m^2（燕辉等，2009）；北京沙地杨树人工林细根生物量为 409.8 g/m^2（翟明普等，2002）；长白山北坡山杨树人工林细根生物量为 393.7 g/m^2（郭忠玲等，2006）。本研究中杨树人工林的细根生物量低于其它地区。杨树是耗水性强的树种，对土壤水分过度消耗导致的林地土壤干化可以影响根系生长。由于本研究区年均降水量仅为 431 mm，土壤水分是制约杨树细根生长的主要因子，也是本研究细根生物量偏低的主要因素。由此可见，同一树种的细根生物量因气候条件以及土壤因子的不同而存在较大差异。

　　细根生物量是环境因子和生物因子共同作用的结果。大部分树木的细根分布于 0～50 cm 土层，且多集中于表层的矿质土壤（张小全等，2001）。翟明普等（2002）研究发现，北京沙地杨树细根分布较浅，69.7%的细根集中于 0～20 cm 土层。拉萨河谷杨树人工林细根生物量的 40.7%分布在 0～10 cm 的土壤表层（何永涛等，2009）。本研究中，杨树林细根集中分布于 0～20 cm 土层。细根是树木养分吸收的主要器官，为满足植物生长需要，具有趋向养分伸展的特点，这也是植物长期适应生境的一种有效策略。所以养分状况是决定杨树细根分布的重要因素（Vogt 等，1996；Pregitzer & Friend，1996）。秦岭北坡杨树人工林土壤有机质和全 N 含量与细根垂直分布密切相关（燕辉等，2009）。由于施肥和林地表面的枯落物每年通过淋溶、分解向土壤提供大量有机物，导致表层土壤的养分增加。本研究中，杨树人工林的氮含量随土层加深明显下降（表 5-1），与细根生物量的分层递减密切相关。氮是杨树快速生长的关键因子（方升佐，2008）。杨树细根对表层富集的氮素会有一种觅食反应（Kochsiek 等，2013），造成这种细根集中于表层的垂直分异特征。因此，土壤资源的空间异质性是决定细根空间分布的主要因素。

根系在土壤中的分布受土壤物理、化学和生物特性的综合影响，植物根系的分布特征往往是土壤环境因子共同作用的结果。张小全（2001）认为，树木根系的垂直分布受土壤水分、养分及物理性质（通气、机械阻力等）等的共同影响。Pregitzer 等（1993）认为，不同土层之间细根的生长与分布是土壤水分、养分和温度共同作用的结果。在本研究中，细根生物量与土壤容重呈显著负相关，表明土壤容重是影响杨树林细根垂直分布的一个重要因素。这是因为，随着土层加深，土壤容重呈增加趋势，土壤紧实度逐渐增大，土壤通透性越来越差，从而对细根生长造成不利影响。Sutton（1991）对土壤物理性质与细根生长的关系进行了综合评述，认为在相似的土壤条件下，容重越大，土壤孔隙度越低，对根系穿透的机械阻力越大，根系穿透土壤的难易与容重呈负相关。一般认为，紧实土壤中根系生长速率减慢，同时根的形态也发生改变。当土壤容重从 0.7 g/cm^3 增加至 1.0 g/cm^3 时，桉树（_Eucalyptus_）幼苗主根和侧根长度以及侧根数量分别下降 71%、31% 和 63%，总根长减小 54%（Misra 等，1996）。土壤容重和孔隙度等物理性质一方面决定了根系延伸和分枝的机械阻力，另一方面通过影响土壤温度、湿度和通气状况来影响根系生长。土壤愈紧实，则孔隙度愈小，导致土壤的通透性降低，从而抑制植物的根系生长。

土壤化学性质也是影响根系生长的重要因素。本研究中，相关性分析表明，土壤化学性质对杨树人工林细根分布具有显著影响，土壤有机质、全氮等养分因子是影响细根垂直分布的重要因素。这是由于为充分吸收养分以满足植物生长需要，根系会对养分的空间异质性作出响应，从而导致细根分布表现出趋肥性的特点，这也是植物长期适应生境条件的一种有效策略。土壤养分直接影响细根活力和碳水化合物的分配，从而影响细根生产和周转。对寒温带针叶和阔叶林的研究表明，影响生态系统氮循环的因子可解释 75% 的细根周转变化。Vogt 等（1996）通过分析大量研究数据，表明气候因子和养分状况是决定细根生物量的重要因素，而细根生产则主要受养分条件的控制。

朱强根等（2008）的研究表明，苏北杨树人工林在两种农田林网栽培模式下，土壤全氮、有效磷、速效钾含量高的模式有利于细根生长。秦岭北坡杨树人工林（燕辉等，2009）的土壤有机质、全氮、有效磷等养分因子对细根垂直分布有很大的影响。

土壤温度从地表向下迅速下降被认为是细根集中于表层的重要原因之一，同时表层较高的温度也促进了土壤腐殖质分解，增加了土壤养分，从而有利于细根生长。Jackson 等（1996）研究发现，北方森林根系分布最浅，而温带针叶林最深，它们在表层 30 cm 内的根系分别占 80%～90% 和 50%。除了表层丰富的养分条件有利于细根生长外，土壤温度的垂直变化是细根集中于表层的重要原因（Tryon 等，1983；Steele 等，1997）。增加土壤温度不但使细根生物量增加，而且使细根趋于深度分布。对许多温带森林土壤而言，低温是影响根系分布深度和生长的主要限制因素，较低的土壤温度不仅能降低根系生物量及其生长速率，而且使细根分枝速率下降，根系趋向于水平伸展。

（2）细根的季节动态

在生长季（4～10 月份），杨树人工林 0～40 cm 的细根生物量具有明显的季节变化，最大值出现在 8 月份（286.2 g/m^2），而最小值出现在 4 月份（181.0 g/m^2），8 月份的细根生物量约为 4 月份的 1.6 倍（图 5-6）。

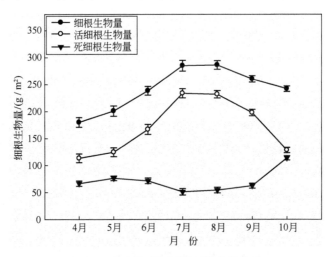

图 5-6   杨树细根生物量的季节变化

活细根生物量也有明显的季节动态，4 月份活细根生物量最小（113.4 g/m^2）；5 月份开始，新细根大量繁殖；6～7 月份为细根生长的高峰，7 月份活细根生物量高达 233.6 g/m^2；9 月份以后活细根生物量大幅下降。死细根生物量的季节变化不太显著，最大值出现在 10 月份（113.7 g/m^2），而最小值出现在 7 月份（51.3 g/m^2）（图 5-6）。与 0～10 cm 土层相比，20～40 cm 土层的细根生物量变化略平缓。

杨树细根季节动态与杨树的生长过程相吻合。其生物量的季节波动与地上部树木冠层的形成密切相关。Hendrick 等（1993）研究表明，幼树细根生物量与叶面积呈正相关，反映了树木根系吸收与叶片蒸腾表面积的相互依存。Lambers 等（1996）的研究表明，树木根系内储存的碳仅有 25% 用于根系呼吸，而新根产生和生长所需的碳则大部分来源于最近的光合产物。一般而言，4 月份为杨树的萌动期，5 月份成年杨树开始展叶，在此期间细根生物量逐渐增加。随后杨树进入生长盛期，这个阶段不仅叶面积显著增大，细根也不断增多，以便吸收更多养分和水分，来满足杨树快速生长的需要，所以杨树人工林的细根生长与地上部分叶面积指数增加具有同步性，其高峰期均出现在 7～8 月份。此后由于气温下降，杨树生长逐渐停滞，导致细根生物量在 9 月份以后明显减小。所以，细根生物量的季节动态是树木生长节律和光合产物在地下分配格局的最终体现。

一般而言，细根生物量随土壤温度的增加而增加（Vogt 等，1996），适宜温度范围约为 5～40℃。鼎湖山季风常绿阔叶林和针阔混交林的细根生物量最大值均出现在温度最高的 7 月份（温达志等，1999）。同时，在温带，土壤水分的季节动态必然会影响细根生长。杨树耗水量大，细根对土壤水分的变化十分敏感（Pregitzer & Friend，1996）。韦艳葵等（2007）的研究表明，地下滴灌使杨树细根生物量增加了 88.3%。Coyle 和 Coleman（2005）也观测到毛白杨的细根生长与土壤含水量密切相关。由于本研究地区的降水和热量资源多集中在生长季的 7～8 月份，表现为典型的雨热同期现象，所以在此期间，细根生物量可达最大。可见，土壤温度和降水的季节变化导致不同季节细根的生长差异。

除了土壤温度和水分，细根生长的季节性波动还受多种因素影响，如土壤养分有效性、大气 CO_2 浓度、病虫害等外部环境都可能导致细根生长的波动。但是，与树木物候相关的环境季节性波动对细根生长可能具有决定意义（王延平等，2016）。随着季节变化，林地内温度、水分等均发生波动，这将影响林木生长发育进程及细根生长。在生长季内，细根的发生是不均匀的，受树种特性及外界环境条件（如降水量、土温和养分有效性等）综合影响，活细根和死细根生物量会有一定程度的波动。本研究中盛夏活细根的旺盛生长可能与土温升高、土壤含水量增加和碳水化合物供应充足有关。细根大量萌发后，随之产生大量细根的死亡，在生长季末，死亡细根生物量往往是最高的。因为进入秋季，环境因子不利于根系活动，导致秋季细根死亡量增加，活细根总生物量最低。而且随着温度下降，死细根分解速率减慢，造成死细根积累，死细根总生物量可达最大值。到来年春季，适宜的温度会加速死细根的分解速率，死细根量逐渐减少，在夏季达到最低。较高的细根死亡率导致活细根生物量的累积下降，致使树木初级生产力损耗，可能改变生态系统碳的分配格局。

5.3.2　细根生产、周转和碳储量

根据试验期间（360 d）内不同时间间隔的细根残留值，可拟合得到细根分解的回归方程（表 5-3）。细根在 180 d 前分解比较快，残留率达 62.1%，之后分解速率明显减慢，分解 1 年后的残留率为 52.2%。Olsen（1963）指数方程拟合度较好（X/X_0=0.9201e$^{-0.0018t}$，R^2=0.933，$P<0.01$）。由此可知，细根分解 1 年后干重损失率为 47.8%。根据式（5-2）～式（5-5），杨树人工林的细根年分解量为 35.3 g/m^2，年死亡量为 98.2 g/m^2，年生长量为 216.6 g/m^2，年周转率为 1.29 次（表 5-3）。

研究结果表明，杨树细根平均含碳量约为 40.3%。人工林 0～40 cm 土层细根总碳储量约为 97.4 g/m^2（表 5-3），其中活细根和死细根碳储量分别为 67.7 g/m^2 和 29.7 g/m^2。细根的碳储量在土壤剖面上的分布特征与细根生物量的分布一致，即随着土层加深而逐渐减少。通过细根周转可以将死亡根系中的有机碳转移到土壤中，细根年死亡量为 98.2 g/m^2，所以每年向林地输送的碳量约为 39.6 g/m^2。

表 5-3　杨树人工林细根的分解、生产、周转和碳储量

死细根生物量 /(g/m^2)	年分解量 /(g/m^2)	年死亡量 /(g/m^2)	年生产量 /(g/m^2)	年周转率 /次	细根碳储量 /(g/m^2)	细根碳输入量 /(g/m^2)
73.8	35.3	98.2	216.6	1.29	97.4	39.6

森林细根生产因气候、土壤养分和森林类型而异，变化较大。森林细根年生产量的范围为 140～1150 g/(m^2·a)（张小全等，2001）。与其它森林类型相比，本研究杨树细根年生产量 [216.6 g/(m^2·a)] 低于南亚热带季风常绿阔叶林 [390 g/(m^2·a)] 和中亚热带武夷山的甜槠林（Castanopsis eyrei）[730 g/(m^2·a)]，与温带杨树人工林 [235 g/(m^2·a)] 相近（李培芝等，2001）。在温暖气候条件下，细根的周转较快，所以亚热带森林细根年生产量明显偏高。关于干旱、半干旱区生态系统的研究表明，限制细根生产力的最主要因素是

水分（裴智琴等，2011）。因此，干旱缺水是导致本研究细根生产量偏低的主要原因。

细根周转除了取决于树种之外，还与环境条件，如土壤温度、养分和水分等因子密切相关。世界森林细根的年周转率为每年 0.04～2.73 次（张小全等，2001）。本研究杨树林细根的周转率处于这一范围，但高于其它地区杨树人工林细根每年 0.86～1.18 次的周转率（何永涛等，2009；李培芝等，2001；翟明普等，2002）。研究表明，干旱地区细根的生长、死亡过程与水分在土壤中分布的空间异质性有关。杨树缺水可减缓根系生长速率，导致细根死亡，加速根尖栓化（Dickman 等，1996）。由于本研究区地处黄土高原，年均降水量仅为 431 mm，土壤水分是制约杨树细根生长周转的主要因子。Reynolds（1970）指出，树木在逆境下保持少量的细根是为了减少维持呼吸的底物消耗，细根的死亡被看成是在逆境中减去过多的"负担"。在干旱胁迫下，周转率高的根系产生更多新的细根以替代旧根行使吸收功能，可以增加对水分和养分的吸收效率（Gill & Jackson，2000）。与以往的研究相比，本研究杨树细根表现出更快的周转速率，是干旱胁迫下降低能量消耗的一种适应策略。

细根生长是维持杨树速生的重要生态学机制之一。细根生物量反映了植物的地下碳分配策略。细根不仅储存着大量的有机碳，而且能将碳直接转移到土壤中并存储相当长的时间，因此其对土壤有机碳库有重要意义（Gill & Jackson，2000）。有研究表明，在温带森林，细根（<2～5 mm）生物量为 46～2805 g/m^2（张小全等，2001）。若采用细根平均生物量法来估算，细根碳储量可达 23～1402.5 g/m^2。本研究表明，杨树人工林细根碳储量约为 97.4 g/m^2。因为本研究仅针对土壤表层且细根直径均小于 2 mm，同时，人工林不可避免地受到干旱胁迫，导致细根碳储量和碳输入量偏小。此外，本研究地区土壤表层全氮和有机质含量偏低，也是杨树细根生长的不利因素。细根生物量碳是土壤有机碳的重要来源，但目前对细根碳储量及碳输入的研究明显不足。所以，未来在研究人工林生态系统土壤碳循环时，应重视细根的作用。王延平等（2016）的研究表明，杨树细根特征具有明显的根序差异性。细根寿命与根序密切相关，不同根序细根的寿命相差甚远，通常根序较低的细根（如 1、2 级根）寿命较短，这表明低级细根在生态系统碳周转中发挥关键作用。因此，未来应从根序视角探讨细根生长动态，有助于准确认识细根不同构件在碳周转中的作用。

5.4　灌溉对细根生长的影响

5.4.1　灌溉前后细根生物量的变化

　　研究表明，在灌溉条件下，杨树 0～40 cm 土层的细根生物量平均值分别为 322.4 g/m²，比对照提高 52.6%。灌溉后 0～10 cm 土层的细根生物量分别为 132.6 g/m²，比对照提高 57.1%（图 5-7）。t 检验表明，两地灌溉前后的细根生物量均差异显著（$P < 0.01$）。可见，灌溉可以显著增加杨树林地的细根生物量。

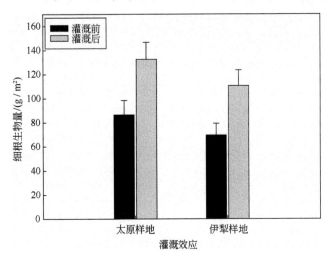

图 5-7　杨树 0～40 cm 细根生物量灌溉前后对比

5.4.2　灌溉对细根生长的影响机制

　　细根在林木资源利用和物质、养分循环中起重要作用，林木细根空间结构是反应植物间地下竞争、评价林木对地下资源利用程度的重要依据（Vogt 等，1996；张小全，2001）。土壤水分、养分等资源的差异是影响细根分布的重要原因，闫小莉等（2015）关于水肥耦合条件下细根形态及分布特征的研究表明，细根生长具有一定的向水性和趋肥性。人工林的快速生长与源源不断的水分供应密切相关，尤其在干旱地区，水资源是人工林培育的主要限制因子。一般来说，土壤水分的充足供应是杨树人工林实现高生产力的必要条件（Ceulemans 等，1988；Puri 等，2003）。水分对于植物根系和土壤微生物来说，是一个至关重要的环境因子。干旱胁迫可以大大抑制根系生长和发挥正常功能（Kramer，1983）。缺水可减缓根系生长速率，导致细根死亡，加速根尖栓化，抑制根系的吸收和呼吸功能（Dickman 等，1996）。

植物根系对干旱的响应多种多样，细根死亡对水分亏缺的响应在很大程度上决定了植物对水分亏缺的适应能力。不同植物细根对土壤水分亏缺的响应不同。一些树木细根较能耐旱，如柑橘（*Citrus volkameriana*）（Espeleta & Eissenstat，1998）等。某些植物细根甚至可以在凋萎点（−1.5 MPa）以下存活和生长。而杨树对水分条件的变化十分敏感，缺水时，植株很快停止生长，叶片发黄脱落以致死亡。土壤水分状况可直接影响杨树细根生物量及其周转。因此灌溉是杨树人工林经营中的一项重要管理措施。

大量研究表明，灌溉可以明显增加根系生物量，降低根茎比。如 5 年生桉树（*Eucalyptus gtobulus*）经灌溉处理后，其细根生物量在整个生长季均明显大于对照（Kaerefer 等，1995）。杨树细根对土壤水分条件非常敏感（Dickman 等，1996；Pregitzer and Friend，1996）。韦艳葵等（2007）的研究表明，地下滴灌大大地增加了杨树林地内的总根量、总细根量和总粗根量，可分别比对照提高 34.2%、88.3%和 16.42%。地下滴灌不仅可增加粗根的数量和生物量，还可以大幅度增加细根生物量。Dickman 等（1996）观测发现，在含水量高的土层，杨树细根的生长会明显增加。Coyle 和 Coleman（2005）也认为，2 个毛白杨品系的细根生长与灌溉成正相关。本研究表明，在灌溉条件下，太原地区杨树人工林 0～40 cm 土层的细根生物量为 322.4 g/m^2，比对照提高 52.6%。灌溉前后的细根生物量差异显著（$P<0.01$）。由于本研究试验地为沙地，土壤贫瘠，N、P、K 元素含量较低，且降水量仅为 430 mm 左右，难以满足杨树人工林快速生长的水分需求，所以，细根的生长主要受土壤水分的影响。灌溉在不同土壤深度导致的水分条件差异导致细根发布的差异。滴灌条件下，杨树人工林的细根均主要分布在 0～40 cm 土层，这也与以往林木细根主要分布在林地浅土层的研究结果一致（秘洪雷等，2017；闫小莉等，2015）。可见，灌溉可以促进杨树细根生长，显著增加杨树人工林的细根生物量，尤其在干旱区，土壤水分的充足供应是杨树人工林细根快速生长与周转的必要条件（Ceulemans 等，1988；Puri 等，2003），也是实现林地高生产力的重要保证。

树木根系是树木个体与土壤环境进行物质交换和能量输送的关键器官。细根具有巨大的吸收表面积，对树木吸收水分和养分有重要影响。细根由于周期性的衰老死亡，对生态系统碳分配格局具有重大影响。因此，树木细根是生态系统碳循环的核心，其形态、功能及其影响因素成为根系生态学研究的热点。细根生产与周转可能改变生态系统碳的分配格局。对树木细根生产和周转的研究有助于生产实践中对林分的优化管理。

第 **6** 章

杨树人工林生态系统碳分配

　　森林是陆地生态系统的主体，不仅关系到区域生态环境安全，而且在全球碳循环与碳平衡中占有重要地位。森林生态系统年均固碳量约占陆地生态系统固碳量的三分之二，对全球及区域气候变化具有重要的反馈作用（Canadell & Schulze，2014；Hawes，2018）。因此，准确评估森林生态系统碳密度和碳库储量，对减缓大气 CO_2 浓度及应对气候变化具有重要意义。

　　森林碳储量及其分配格局既是评价森林生态系统结构和功能的重要指标，也是评价森林生态系统碳汇潜力的度量指标（刘恩等，2012）。近几十年来，以 CO_2 固定为主要内容的森林生态系统碳储量研究是国内外研究热点之一（He 等，2017；Houghton，2020；Hu 等，2016；Wang 等，2015）。21 世纪以来，我国学者在国家尺度、区域尺度和生态系统尺度开展了森林碳储量及其分配的研究，研究内容涉及不同地区不同森林类型的碳储量、碳固定及其与森林结构、林龄和生境条件等因子的相关性分析（方精云等，2001；刘恩等，2012；刘国华等，2000；杨玉姣等，2014）。在国家尺度上，刘国华等（2000）利用我国 1973—1993 年的森林资源调查资料，估算了全国的森林碳储量；王效科等（2001）利用国家森林资源调查资料，以不同龄级森林类型为研究单元，估算了中国森林生态系统生物量碳储量和碳密度；方精云等（2001）利用 1949—1998 年全国森林资源清查资料，分析了中国 50 年来森林碳库和森林平均碳密度的变化规律，对中国森林植被碳汇功能的重要意义进行了科学评估。刘迎春等（2019）基于森林资源清查数据，估算了中国森林生物量的固碳现状以及未来的固碳潜力。方精云等（2015）研究了中国陆地主要生态系统类型的固碳效应。这些研究涵盖了不同气候条件下多种森林类型的固碳现状及其动态变化，对于准确评价我国森林碳库在全球碳循环的地位起到了重要促进作用。但早期的研究多集中于天然林，或者未明确区分天然林与人工林，且对于西部地区人工林生态系统的固碳潜力，所知甚少。

　　目前，对森林生态系统植被生物量碳密度的估算普遍采用含碳率乘以生物量来计算。国内大多采用 0.50 或 0.45 作为森林植被的平均含碳率，很少根据不同森林类型采用不同含碳率来估算森林生态系统碳密度，导致碳密度和碳储量估算的不确定性（杨玉姣等，2014；董利虎等，2020）。因此，生物量及含碳率的精确测定是研究森林碳密度的关键因子。当前对于森林生物量及碳密度的研究也多限于生态系统某层次或某一林龄，缺少对整个森林群落从乔木层—枯落物层—土壤层碳密度时空分布特征的综合性研究，对于人工林不同林龄特别是成熟林的碳汇功能仍缺乏统一认识。

通过造林、再造林和森林经营管理来增加陆地生态系统的碳固定量和碳汇潜力，是林业途径减缓气候变化的重要措施（张小全等，2005），已经成为实施《京都议定书》确立的清洁发展机制的重要内容。随着退耕还林和防护林建设的实施，我国人工林面积大幅增加，人工林在 CO_2 吸收和固定等方面的作用越来越得到重视。研究表明，通过造林和合理的森林经营管理可增加森林的碳汇功能及潜力（李翀等，2017），这也是减缓气候变化的一项重要措施。通过造林再造林来增强碳吸收已得到国际社会的广泛认同，并允许发达国家使用这些活动产生的碳汇用于抵消其承诺的温室气体减排指标（张小全等，2005）。杨树是发展速生丰产林及碳汇人工林的理想树种，如何有效地发挥该地区人工林的木材产品供给与碳汇功能，即在传统人工林经济效益的基础上，提升人工林的固碳和碳汇潜力，发挥其在减缓气候变化方面的重要作用，是当今人工林多目标经营和碳汇林业发展关注的重要问题。

人工林是一个动态碳库，随着人工林从幼龄阶段到逐渐成熟，碳库储量会发生很大改变。选择 3 个不同树龄人工林开展研究，分析杨树人工林碳储量的变化规律，揭示杨树人工林固碳潜力的影响因素及机制；通过野外调查与室内实验分析相结合的方法，基于杨树林乔木层各组分、枯落物层、土壤层的含碳率测定，准确估算杨树林生态系统的碳密度及碳分配，从而为杨树林生态系统的碳汇功能评价与林分经营管理提供理论依据。

6.1 研究方法

6.1.1 人工林生物量和凋落物碳库估算

选择三个树龄杨树人工林进行研究。人工林碳库划分为三部分：树木生物量（包括地上和地下）、地面凋落物和土壤有机碳（0～40 cm）。测量每个样地中标准木的高度（H）和胸径（DBH），利用新疆杨树异速生长方程来确定全树生物量（中国林业网）。为了准确测定杨树人工林不同器官的含碳率，同时反映林龄对器官含碳率的影响，选择 2 年、7 年和 12 年生杨树人工林，分别采集乔木层不同器官（叶、枝、树干、根系）样品经烘干、粉碎、过筛后测定其含碳率。

在各龄级人工林内，设置 3 个标准样地，在每个样地内分别沿对角线设置 3 个 20 cm×20 cm 的小样方，将枯落物分为没有分解和半分解两部分，称量样方内现存量，并取样测定含水量，在 80℃下烘干至恒重，然后进行含碳率测定。

植被部分（乔木层和凋落物层）碳密度采用各器官生物量与其含碳率的乘积进行计算。

6.1.2 人工林土壤有机碳库估算

分别在不同树龄样地随机挖取 3 个土壤剖面，分层（0～10 cm、10～20 cm 和 20～40 cm）用环刀取土样，去除植物根系和石砾，在 105℃烘干 24 h 后，称重并计算土壤容重。同时每层取土约 500 g，土样装入样品袋，用于土壤性质测定。土壤有机碳用重铬酸钾氧化-外加热法测定。

土壤有机碳密度是指单位面积一定深度的土层中有机碳的总含量（单位：t/hm^2）。0～40 cm 土层的土壤有机碳储量按 0～10 cm、10～20 cm 和 20～40 cm 分别计算，含量再乘以土层厚度得到（Michael & Binkley，1998）。计算公式如下：

$$S_i = \sum C_i \times D_i \times E_i \times (1-G_i) \qquad (6-1)$$

式中，C_i 为土壤含碳率，%；D_i 为土壤容重，g/cm^3；E_i 为土壤厚度，cm；G_i 为直径>2 mm 的石砾所占的体积百分比，%；i 代表某一土层。因研究区整个土壤剖面无直径>2 mm 的石砾，所以公式中 G_i 为 0。

6.1.3 人工林固碳速率估算

杨树人工林年净固碳量采用立地条件相似的 2 年和 12 年生杨树人工林生态系统碳密度之差除以 10（年）进行估算。

6.2 杨树人工林的含碳率

6.2.1 杨树人工林各组分的含碳率

不同林龄杨树各器官的含碳率在 38.7%～51.3% 之间，林龄对乔木各器官含碳率无显著影响（图 6-1）。乔木各林龄平均含碳率为 45.6%，2 年、7 年和 12

年生杨树平均含碳率分别为 45.1%、45.7%和 46.1%，不同林龄间乔木平均含碳率差异不显著。

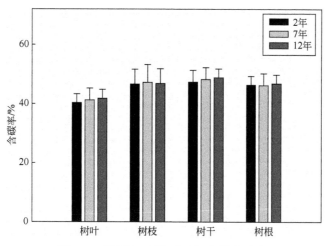

图 6-1　杨树人工林不同组分的含碳率

乔木不同器官平均含碳率存在显著差异，具体表现为：树干（48.1%）＞树枝（46.9%）＞树根（46.4%）＞树叶（41.1%）。枯落物层含碳率平均为 40.7%，显著低于乔木层含碳率。土壤（0～40 cm）含碳率在 0.9%～2.1%之间。不同林龄同一土层的含碳率之间存在显著差异（表 6-1），2 年生杨树林的土壤含碳率最高。同一林龄不同土层含碳率存在显著差异，各林分表层 0～10 cm 土壤含碳率均显著高于其它深层土壤（表 6-1），且随土层深度增加含碳率逐渐减小，具有明显的垂直分异。

表 6-1　土壤有机碳含量随树龄的变化

土层深度/cm	树龄/a	有机碳含量 /(g/kg)	土壤容重/ (g/cm³)	细根生物量/ (g/m²)
0～10 cm	2	17.28±0.13	1.23±0.05	154.2±8.2
	7	16.87±0.10	1.21±0.05	127.1±6.9
	12	16.76±0.11	1.20±0.08	115.3±4.8
10～20 cm	2	15.51±0.12	1.25±0.06	124.5±8.0
	7	14.68±0.17	1.24±0.05	104.1±6.5
	12	14.48±0.15	1.23±0.07	105.6±4.2
20～40 cm	2	12.18±0.18	1.28±0.08	83.8±6.9
	7	11.52±0.12	1.27±0.05	86.7±5.2
	12	11.75±0.11	1.25±0.08	90.5±3.6

注：数据为平均值±标准误差。

6.2.2　杨树人工林含碳率的变化规律

目前，多数研究表明，树木的含碳率随不同树种和不同器官组织变异较大，变化范围一般介于 0.44～0.60 之间（董利虎等，2020）。本研究表明，杨树不同组分含碳率分别为：树干 48.1%、树枝 46.9%、树叶 41.1%、树根 46.4%，平均含碳率为 45.6%，这与前人的研究结果相一致（刘恩等，2012；董利虎等，2020）。方差分析表明，不同年龄的树木含碳率之间没有显著差异。对乔木个体来说，树干是生物量增加或固碳的关键部位，可占到树木总固碳量的 75% 以上，其次为树枝和树根。虽然树叶的含碳率最低，但随着树木生长，树叶的生物量及固碳量显著增加。

同一树种的不同器官碳含量之间差异显著（$P < 0.05$）。前人研究还表明，即使在同一地区，树木各器官的碳含量因树种不同而存在差异。可见树种也是影响乔木器官含碳量的重要因素之一，这可能与树种本身的生理特性相关（董利虎等，2020）。

树木的含碳率是准确评估森林生态系统碳储量的基础和重要指标。由于客观条件的限制，实地测定树木不同器官的含碳率费时费力，因此，有的学者建立了立木含碳率模型进行估算（董利虎等，2020），或利用平均含碳率 0.47 或 0.50 近似计算树木碳储量。但利用平均含碳率会导致较大误差，而建立立木含碳率模型或利用含碳率加权平均法估算树木碳储量，可能会得到较准确的结果。

6.3　杨树人工林的碳密度

6.3.1　杨树人工林各组分的碳密度

2 年、7 年和 12 年生杨树乔木层碳密度依次为 11.92 t/hm²、42.78 t/hm² 和 53.96 t/hm²，随林龄增大呈增加趋势（图 6-2）。2～7 年生杨树生长迅速，碳密度增加明显；7～12 年生杨树乔木层碳密度增加缓慢。除树叶外，乔木其它各器官碳密度随林龄增大均呈增加趋势，树干碳密度最大，占整个乔木层的 43.9%～49.0%。枯落物层则随林龄增大而增厚，2 年、7 年和 12 年生杨树人工林枯落物层的碳密度依次为 1.04 t/hm²、2.11 t/hm² 和 5.33 t/hm²（图 6-2）。

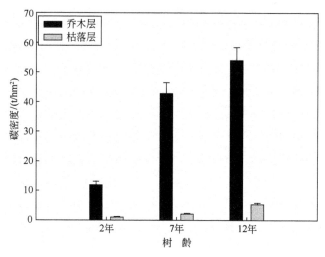

图 6-2 杨树人工林乔木层和枯落物层的碳密度

由图 6-3 可以看出，2 年、7 年和 12 年生林地 0～10 cm 深度的土壤碳密度分别为 21.25 t/hm²、20.41 t/hm² 和 20.11 t/hm²（图 6-3）。2 年、7 年和 12 年生杨树 0～40 cm 深度的土壤碳密度分别为 71.82 t/hm²、67.87 t/hm² 和 67.30 t/hm²。其中，2 年生杨树林 0～40 cm 深度的土壤碳密度最大，但随人工林树龄的增加，整层土壤碳略有损失，10 年间平均减少约 4.52 t/hm²。

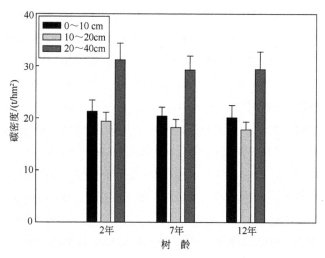

图 6-3 杨树人工林土壤层的碳密度

6.3.2 树龄对人工林碳密度的影响

树龄对人工林生态系统的碳密度有显著影响。最近 10 年，许多学者对不同树种、不同林龄及不同密度人工林的碳密度进行了深入研究（刘恩等，2012），发现人工林碳密度随林龄的增加而增加。孙虎等（2016）在松嫩平原的研究表明，杨树人工林生态系统碳密度随树龄的增加而明显增加，生态系统碳密度从14 年生的 230.64 t/hm^2 增加到 28 年生的 356.50 t/hm^2，增加了 54.6%。甘肃省杨树人工林的生态系统碳密度在 114.54～172.14 t/hm^2 之间，成熟林比幼龄林增加了 50.3%。江苏省杨树人工林生物量碳储量随着林龄增大而增大（邢玮等，2015）。林龄是影响森林生态系统碳累积的主要因子之一。随着树龄的增加，胸径树高不断增加，乔木层生物量得到累积。林龄也是控制林下植被演替的关键因素，不同龄级地被层生物量碳存在较大差异。方晰等（2003）对一年龄序列的马尾松人工林生物量的研究表明，生物量和碳密度随年龄的增长而增加，幼龄林到中龄林年固碳量增加幅度最大，中龄林到近成熟林年固碳量增加幅度下降。人工林在生长过程中碳储量不断增长，因此，人工林在固碳方面的贡献取决于轮伐期的长短（Liski 等，2001）。处于进展演替阶段的生态系统由于生物量的快速增加，固碳速率较高。有研究指出，由于我国目前的幼龄和中龄人工林所占比例较大（程然然等，2017），所以，随着幼林的成熟，未来人工林碳密度有进一步上升的趋势，将发挥越来越强的固碳作用。

土壤碳密度是评价人工林生态系统吸收和固持 CO_2 的重要指标（刘恩等，2012；杨玉姣等，2014）。土壤有机碳主要来源于地上部分的枯枝落叶及根系周转产生的碎屑。随着树木生长，凋落物不断累积，使得输入到土壤中的有机碳增加（Raich & Tufekcioglu，2000）。土壤碳密度受土壤特性、凋落物输入量以及植物根系周转率等的影响。植被生长增加了凋落物输入量及细根周转，从而提高了人工林土壤的碳储量。造林后的土壤碳密度的变化在文献中已有很多研究，有人认为造林后一二十年的土壤碳密度有所增加（Pregitzer & Euskirchen，2004），也有人认为随树龄的增加，土壤碳密度并没有显著增加（Richter 等，1999；Paul 等，2002；Peltoniemi 等，2004）。Peichl 等（2006）对五针松的研究中发现，30 年后土壤碳储量呈下降趋势。Post & Kwon（2000）的研究表明，不同气候区域，造林后的土壤碳变率在 0～3 t/(hm^2·a)之间。本研究表明，在不同树龄杨树人工林中，土壤层碳储量随林龄呈现先下降后增加的趋势。总体来说，由于研究地在气候、土壤类型及管理措施等方面的差异，必然导致碳库储量呈现不同的变化趋势。

本研究表明，人工林经过 10 年的生长发育，成熟林地 0～40 cm 土层的土壤碳储量比幼龄林地有所下降。这可能与苗木栽植和松土管理过程中对土壤的扰动有关。土壤受到扰动后，土壤深层的有机碳暴露在空气中，加速了它的氧化与矿化（Six 等，1998）。此外扰动打破了土壤团聚体结构，加速了受保护有机碳的分解，不利于土壤碳积累。杨树在幼林阶段的快速生长对土壤养分的需求较大，而凋落物输入量很少。Joshi 等（1997）发现，杨树人工林的土壤碳密度随树龄呈下降趋势，并归因于幼林期地上冠层和根系的快速生长对土壤养分的大量消耗。Grigal 和 Berguson（1998）的研究表明，尽管 6～15 年生杨树人工林每年有一定的根系死亡后进入土壤，但没有发现土壤碳密度有显著增加。Sartori 等（2007）发现，随着林龄增加，表层土壤碳密度略有增加，但整层土壤碳并没有增加。这是因为随着林龄增长，枯枝落叶量及表层的死根系量逐渐累积，导致表层土壤碳输入量的增加。Vesterdal 等（1998）的研究也发现，5 cm 表土层的土壤碳密度和碳储量随林龄增长而增加，而在 5～25 cm 深度则随树龄增加而下降。Paul 等（2002）对全球 204 个造林样地的土壤碳数据分析发现，在造林后初始 5 年，土壤碳密度下降约 3.64%，之后逐渐增加。本研究表明，造林后 10 年土壤碳密度大约减少了 8.3%，下降速率比 Paul 等（2002）的平均值要高，这可能与杨树的速生性有关。

造林对土壤碳密度的影响存在较大差异，研究结果之间的差异可能与造林前土地利用方式、当地气候和土壤质地有关，它们在一定程度上可以掩盖林龄的差异（Paul 等，2002；Pregitzer 等，2004）。

6.3.3 人工林类型对碳密度的影响

不同类型人工林的生态系统碳密度存在显著差异。程然然等（2017）的研究表明，甘肃省主要人工林类型（中龄林），如刺槐林、杨树林、油松林及华山松林、落叶松林及云杉林的生态系统碳密度分别为 68.26 t/hm^2、133.35 t/hm^2、174.64 t/hm^2、211.04 t/hm^2 及 345.84 t/hm^2，云杉林的生态系统碳密度是刺槐林的近 5 倍。贺亮等（2007）对油松、刺槐人工林的研究表明，油松林碳密度为 48.84 t/hm^2，刺槐林碳密度为 48.57 t/hm^2。刘领等（2019）的研究表明，杨树、栎类和阔叶混交林是河南省森林碳汇的主要贡献树种，其中杨树林的碳储量最高，占河南省乔木林总碳储量的 37.61%。樊登星等（2008）认为，杨树是北京市碳储量最高的阔叶树种，阔叶林碳储量占全部森林碳储量的 66.2%～75.3%。张春华等（2019）的研究表明，山东省的杨树林平均碳密度为 28.14 t/hm^2，杨树林和赤松林对山东省森林固碳起主导作用。不同森林树种导致树干生长速率、地下碳分配比例、根系生长速率、根系生物量及枯落物等诸多因子的差异，最终导致人工林碳密度的较大差异。

除生境条件外，林分特征是影响森林生物量碳密度的重要因素之一。一般而言，不论是针叶林，还是阔叶林如杨树林，生物量碳密度均随胸径增加而增加。在森林调查中，常用胸高处的树干横截面积作为衡量森林现存量的指标，胸径越大，往往代表更大的生物量碳储量。因此，在林业经营与管理中，应在造林初期注重合理密植，后期采取合理的抚育间伐措施，可保证林分生物量持续增加，从而增加对大气 CO_2 的吸收效率，促进整个生态系统的碳累积。

6.4　杨树人工林的碳分配

6.4.1　杨树人工林生态系统的碳分配格局

本研究杨树人工林生态系统碳库主要包括乔木层、凋落物层和土壤层碳储量（图 6-4）。2 年、7 年和 12 年生人工林生态系统碳密度分别为 84.78 t/hm²、112.76 t/hm² 和 126.59 t/hm²，随树龄增加而增加显著。土壤是人工林生态系统的主要碳储库，2 年、7 年和 12 年生人工林土壤有机碳密度分别为 71.82 t/hm²、67.87 t/hm² 和 67.30 t/hm²，占比达 84.7%、60.2% 和 53.2%（图 6-4）。随着树龄增加，生物量碳库的比重增加，而土壤碳库比重减小。

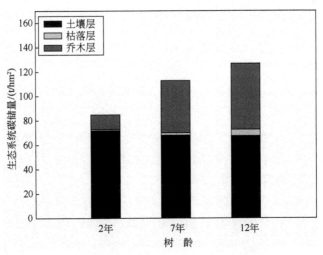

图 6-4　不同树龄杨树人工林生态系统碳储量

6.4.2　树龄对碳分配的影响机制

森林生态系统碳储量受林分起源、树种组成、密度、年龄结构及经营活动等众多因素的影响，它们中任一因素的改变都会导致生态系统碳分配的变化（刘恩等，2012；杨玉姣等，2014）。森林生态系统的生物碳主要固持于乔木层。本研究表明，2 年、7 年和 12 年生人工林的地上部分碳储量分别为 12.96 t/hm^2、44.89 t/hm^2 和 59.29 t/hm^2，随林龄增加而快速增加。由于人工林除草松土等管理措施导致林下的植被层非常稀疏，仅有少量低矮草本，所以，乔木层是固碳的关键。

对不同地区来说，杨树人工林的生态系统碳分配格局差异显著。孙虎等（2016）在松嫩平原的研究表明，14 年生杨树人工林生态系统碳储量可达 230.64 t/hm^2，其中土壤层碳储量占比最大。甘肃省不同树龄人工林生物量碳及土壤层碳储量分别在 30.26～87.31 t/hm^2、75.02～133.45 t/hm^2 之间，其中 80% 的碳储存在土壤中，土壤有机碳储量是生物量碳储量 3.23 倍（程然然等，2017）。对江苏里下河地区杨树人工林的研究表明（唐罗忠等，2004），10 年生林分总的碳储量约为 136.2 t/hm^2，其中土壤为 59.9 t/hm^2，占林分总碳储量的 44%。Fang 等（2007）研究表明，8 年生杨树人工林的生物量碳储量为 57.8 t/hm^2，而土壤碳储量达 78.4 t/hm^2。在加拿大北部，9 年生杨树人工林中的生物量碳储量为 54.7 t/hm^2，而土壤有机碳储量（0～50 cm）达 119.4 t/hm^2（Arevalo 等，2011）。本研究表明，2 年、7 年和 12 年生人工林生态系统碳储量分别为 84.78 t/hm^2、112.76 t/hm^2 和 126.59 t/hm^2，在不同树龄杨树人工林中，按照碳储量大小，可知土壤层＞乔木层＞凋落物层。生态系统碳储量主要以土壤层为主，所占比重平均为 66.0%（图 6-4），这与前人的研究结果相一致。

本研究的平均生物量碳储量（36.22 t/hm^2）低于前人的研究结果。这是由于本研究的杨树林处于幼、中龄林阶段，生物量碳储量较低。另外，本研究的土壤碳储量（69.00 t/hm^2）低于全国平均水平（107.10 t/hm^2）（刘世荣等，2011），并远低于松嫩平原的研究结果。这是由于该地区土壤层深厚，平均土壤厚度大于 80 cm，因此该地区生态系统以土壤层碳储量为主，所占生态系统碳储量比重都超过了 93%。此外，土壤取样深度也是影响土壤碳储量的主要因素。

森林生态系统碳储量的分配格局受到降雨、温度等生境条件诸多因素的长期综合影响。降水和温度是生境条件的主要体现，也是限制树木生长的主要环境因素。程然然等（2017）认为，在以杨树为代表的阔叶林中，降雨对生物量碳积累有促进作用。尤其在干旱半干旱区，水分条件是速生人工林发育的主要限制因素。此外，生长季的长短、积温及日照时数都会间接影响生物量碳的吸存与累积。因此，生物量碳积累受到多种环境因子的协同作用，单一的环境要素并不起决定作用。

6.5　杨树人工林的固碳速率

6.5.1　杨树人工林生态系统的固碳速率

与 2 年生杨树人工林相比,12 年生杨树人工林年净固碳量为 4.18 t/(hm^2·a),折合 CO_2 为 15.32 t/(hm^2·a),其中乔木层、凋落物层和土壤层的年均净固碳量分别为 4.20 t/(hm^2·a)、0.43 t/(hm^2·a)和-0.45 t/(hm^2·a),折合 CO_2 分别为 15.38 t/(hm^2·a)、1.58 t/(hm^2·a)和-1.65 t/(hm^2·a)（表 6-2）。

表 6-2　杨树人工林年净固碳量

组分	年净生产力/ [t/(hm^2·a)]	年净固碳量/ [t/(hm^2·a)]	折合 CO_2 量/ [t/(hm^2·a)]
乔木层	9.21	4.20	15.38
凋落物层	1.06	0.43	1.58
土壤层	—	-0.45	-1.65
合计	—	4.18	15.31

注：土壤层的负号表示碳的损失。

6.5.2　人工林固碳速率的影响因素

森林的固碳能力为单位时间内森林净吸收大气中 CO_2 的能力，主要表现为地上植被和土壤的碳固持能力。地上植被碳固持主要以木质组织为主，而植被功能型的不同将会直接或间接地影响土壤碳的输入和输出，从而影响土壤的固碳能力。据估算，南亚热带 10 年生红锥人工林乔木层年固碳量为 3.79 t/(hm^2·a)（刘恩等，2012）；毛竹林的植被固碳速率在不同的管理措施下，差异显著，介于 0.88～5.08 t/(hm^2·a)之间。从固碳速率来看，本研究中 12 年生杨树林植被固碳速率为 4.20 t/(hm^2·a)，高于暖温带森林植被平均固碳速率 1.43 t/(hm^2·a)（吴庆标等，2008），与南亚热带红锥林的研究结果相近。

一般来说，树龄 2～7 年的速生杨，在度过了幼龄期之后，处于其关键的生长高峰期。在这个期间，虽然速生杨树高的增量没有苗期过程明显，但是速生杨的材积量迅速增加，是速生杨固碳的关键时期。12 年以后，杨树生长处于平缓增长的时期。因此，在杨树人工林造林营林管理过程中，其轮伐期的设置非常关键。一般杨树人工林在十几年后，树木生长高峰期已过，其固碳速率会逐渐减弱，无论从经济学还是生态学角度来说，此时采伐更新最为合适，可以使林地固碳效率达到最高。

树种类型和林龄对人工林有机碳储量均有显著影响，因为不同生长特性的树种具有不同的生长速率和固碳速率（Liu 等，2017）。其次，人工经营措施可增加林木的胸径、树高、冠幅和林分蓄积生长，增加林下植被的种类数量和盖度，从而影响人工林生态系统的植被碳储量，这是造成不同地区、不同森林类型固碳速率差异的主要原因。由于杨树是典型的速生树种，适应性强，对我国许多地区的土壤、气候条件都比较适应，因此它们是非常适宜的碳汇造林树种。

人工林的经营与管理是实现和促进"碳汇"功能的重要手段（Dickman 等，1996；Jandl 等，2007；Waterworth 等，2008；Canadell & Schulze，2014）。作为人工生态系统类型，人工林的树种选择、营造方式、抚育措施等都可能直接或间接地影响人工林生态系统的固碳速率（刘迎春等，2019）。不同管理措施会引起"碳源"或"碳汇"转换及固碳速率的改变。如森林采伐或把林地转变成农地，都会减少生态系统碳储量，而合理的管理措施如施肥、灌溉、间伐、控制性火烧等手段则能增加生态系统碳储量（吴建国等，2004；Post & Kwon，2000；Johnson & Curtis，2001）。李翀等（2017）研究表明，过度集约经营有可能导致毛竹林的碳损失，而合理经营有利于毛竹林的碳累积。所以，不同的森林管理方式以及管理强度，都会对人工林碳库产生重大影响。人工林管理方式对其固碳潜力影响深远。

总之，不同演替阶段的人工林生态系统吸收和储存碳的能力不同。处于进展演替阶段的生态系统由于生物量的快速增加，固碳速率较高，而成熟阶段的生态系统达到了演替顶极，碳累积速率会有所下降。不同树龄的同一树种，由于其同化产物分配的差异，也会造成根系生物量及垂直分布的差异。根系的垂直分布特征（如深根系或浅根系）直接影响输入到土壤剖面各层次的有机碳数量，决定着土壤有机碳的动态变化。所以，确定科学的轮伐期至关重要，可使人工林的固碳效益趋于最大化。对不同类型人工林的固碳功能与潜力进行科学评估，有助于利用合理的人工林经营手段减缓全球气候变化。

第7章

杨树人工林净生态系统生产力

全面提高森林质量是《林业发展"十三五"规划》十大战略任务之一，生物量和生产力是衡量森林质量的重要指标。人工林作为森林资源的重要组成部分，在维护全球碳平衡和缓解全球气候变化等方面的作用日益凸显（刘世荣等，2018；Hawes，2018）。作为一种人为调控的生态系统类型，可通过适宜的管理措施提升植被和土壤的固碳速率及净生态系统生产力（Canadell & Schulze，2014；Jandl 等，2007；Waterworth 等，2008）。在新的历史阶段，创建高生产力和高碳密度的人工林生态系统，发挥固碳减排、保护生物多样性等多种生态功能，是我国林业实现可持续发展的重大战略转变。

净生态系统生产力（NEP）是评估森林生产能力和固碳能力的重要参数，可用净初级生产力（NPP）和异养呼吸（Rh）碳排放的差值近似估算，以定量描述森林生态系统碳源（或汇）的性质和能力。在不考虑各种自然和人为扰动的情况下，NEP 可近似看作是陆地生态系统与大气系统之间的净碳交换量（Cao 等，2003；Tao 等，2007）。当 NEP 为正值时，表示生态系统为"碳汇"；当 NEP 为负值时则表明生态系统为"碳源"。NEP 这一概念最早由 Woodwell 等（1978）在分析陆地生物圈源、汇的问题时提出，用来表示较大尺度生态系统中碳的净储存量。自 1997 年《京都议定书》被联合国气候变化框架公约采用以来，森林的固碳能力日益受到重视。由于 NEP 可直接定量估算生态系统的固碳潜力，21 世纪以来，NEP 已经成为生态系统碳循环研究的核心问题之一（常顺利等，2005；吴建平和刘占锋，2013）。NEP 的准确估算是生态系统碳循环研究的关键环节，受到国内外的广泛关注（Arain & Natalia，2005；Houghton，2020；李洁等，2014；方精云等，2015）。

研究表明，北半球中高纬度陆地生态系统在 20 世纪八九十年代，是一个巨大的"碳汇"（Fang 等，2001；Cao 等，2003）。Cao 等（2003）认为在气候变化和 CO_2 浓度增加的共同作用下，中国陆地生态系统碳源/汇分布虽存在一定地域差异，但总体上具有碳汇作用。Wang 等（2015）研究表明，中国陆地生态系统 NPP 约为 2.84 Pg C /a，土壤呼吸速率约为 3.95 Pg C /a，陆地生态系统 NEP 约为 0.21 Pg C /a。1990—2010 年，涡度相关碳交换通量观测表明，北纬 20°～40°东亚季风区的亚热带森林生态系统具有很高的净 CO_2 吸收强度，其 NEP 可达 3.6 t/(hm^2·a)。近年来，一些生态系统碳循环模型已经在国内外得到广泛应用，如生态系统碳交换模型是模拟植物-土壤-大气系统水碳氮耦合循环的生物地球化学模型（Carbon Exchange between Vegetation，Soil，and the Atmosphere，CEVSA），已应用于研究陆地生态系统碳循环对气候变化的响应（庞瑞等，2012；李洁等，2014）。Piao 等（2012）基于模型模拟研究了气候变化对青藏地区草地生态系统 NPP、NEP 的时空变化的影响，结果表明降水对 NEP 增加的贡献为 36%，是引起 NEP 年际变化的主要驱动因素。虽然国内外对陆地生态系统碳收支进行了大量研究，但大尺度研究难以定量描述碳汇的空间异质性如植被类型的影响，导致对 NEP 的估算仍存在很大不确定性（陶波等，2006；Gu 等，2007；Houghton，2020）。

迄今为止，关于人工林生态系统的净生产力研究还很缺乏（Hamilton 等，2002；周玉荣等，2000；方精云等，2006；邱岭等，2011；唐祥等，2013）。20 世纪 90 年代以来，我国实施了一系列重大的林业生态工程，如三北防护林工程、退耕还林工程等，大规模造林工程的实施使得我国拥有世界上最大面积的人工林，且多为中幼龄林，具有巨大的固碳潜力（Deng 等，2014；Lu 等，2018）。不少学者对我国人工林的碳汇功能进行了研究（魏远等，2010；邱岭等，2011），但是由于时间短、资料有限，特别是基于林业调查的人工林碳储量估算存在较大误差，以致不确定性较大（魏远等，2010；邱岭等，2011；唐祥等，2013）。

土壤异养呼吸是森林生态系统碳库的主要损失途径，是森林生态系统碳平衡的重要分量之一（Bond-Lamberty 等，2018）。多数研究表明，异养呼吸作用与土壤微生物群落组成、土壤有机质含量及酶活性密切相关（Gallardo 等，1994；Wang 等，2003）。土壤碳含量高，说明呼吸底物较充足，有利于土壤微生物的代谢呼吸。土壤异养呼吸同时受土壤温度、湿度、植被类型（地上和地下枯落物数量和质量）、土壤性质（土壤活性有机碳、土壤排水状况）等因素影响，表现出强烈的时空变异性。但由于研究方法的局限，针对人工林生态系统中土壤呼吸组分区分及其控制因子等的研究较少（杨玉盛等，2006；杨金艳等，2006），难以对土壤异养呼吸碳排放进行准确估算。土壤异养呼吸研究的不足是导致人工林碳收支评估不确定性的主要因素之一（Bond-Lamberty 等，2018），如周玉荣等（2000）研究了我国森林碳平衡状况，其中土壤异养呼吸数据借用了国际上的研究数据，在一定程度上会影响评估结果的精确性。

已有研究表明，杨树品种在生长模式、干物质分配和根系生长等方面存在较大差异（Rae 等，2004），这必然导致不同杨树品种的人工林在净碳吸收方面的巨大差异。并且人工林是一个动态碳库，随着人工林逐渐成熟，NEP 值趋于减小。显然，人工林的固碳潜力取决于轮伐期的长短。目前，关于杨树生物量和生产力方面的研究已有一些报道（梁万军等，2006；曾伟生等，2019；Yan 等，2017），但这些研究大多针对局部地区；而且由于气候和立地条件的差别，同一树种在不同区域和不同立地条件下的生物量及固碳量存在较大差异，从而导致杨树人工林的净碳吸收差异较大。本研究选择 3 个树龄及 3 个杨树品种人工林开展研究，通过估测生物量年增量和土壤异养呼吸的碳损失，评估杨树人工林的 NEP，旨在揭示杨树人工林固碳潜力的影响因素及机制。本研究可为评价杨树人工林的固碳功能与发展人工林多目标经营提供科学依据，进而为跨区域人工林类型的对比研究提供依据。

7.1　研究方法

7.1.1　异养呼吸碳排放的估算

异养呼吸（微生物分解的碳排放）采用挖壕法测定（Bond-Lamberty，2004），具体方法参见第 4 章。在 2007 年和 2008 年生长季，每月在挖壕样地测量 2～3 次异养呼吸（Rh）。根据 Kelting 等（1998）的研究，断根之后根系不会立即死亡，仍存在呼吸碳排放，同时伴随死亡根系的分解，释放出少量 CO_2。所以，本研究从挖壕 4 个月之后的 2007 年 8 月开始计算异养呼吸碳排放，以减少死根分解的影响。

2007 年 5 月，在研究地安装自动气象观测站，以获得林地小气候特征，包括气温、土壤温度（5 cm 深度）等主要气象参数的连续监测。根据样地内微型气象站的实际观测数据，土壤温度（5 cm）的年内变化（2007.06—2008.05）如图 7-1 所示。

基于生长季 Rh 和土壤温度的观测值，采用如下指数模型拟合它们之间的相关关系。通过估算一年内的每日 Rh 值，可累计得到土壤异养呼吸的年碳排放量（Cahill 等，2009）。

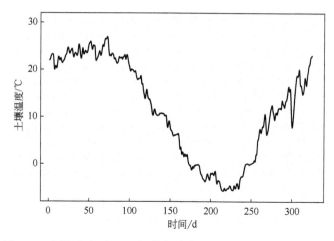

图 7-1　土壤温度（5 cm）的年内变化（2007.06—2008.05）

指数模型　　　　　　　　$Rh=ae^{bT}$ （7-1）

土壤呼吸的温度适应性　　　　　　　　$Q_{10}=e^{10b}$ （7-2）

其中，a，b 为拟合参数；Rh 为土壤异养呼吸；T 为 5 cm 土壤温度。

7.1.2　净生态系统生产力估算

选择 3 个树龄（2 年、7 年和 12 年）、3 个品种的杨树人工林——黑杨、大叶钻天杨和沙兰杨（分别简称为 PD、PB 和 PE）进行研究。人工杨树林碳库划分为三部分：树木生物量（包括地上和地下）、地面凋落物和土壤有机碳（0～40 cm）。2007 年 8 月和 2008 年 7 月，测量每个样地中高度超过 1.3m 树木的高度（H）和胸径（DBH）。将树木高度和胸径数据代入异速生长方程得到树木生物量（Liang 等，2006）。将生物量乘以含碳率计算生物量碳密度（Fang 等，2007）。

净初级生产力（NPP）是每年每单位面积上的生物量，使用下式计算：

$$NPP=\Delta B+Fr$$ （7-3）

其中，ΔB 代表一年中树木生物量（地上和地下）的变化，采用两次测量之间的生物量差值代替（2007 年和 2008 年）；Fr 表示一年内细根生产量。由于除草管理导致人工林下植被稀疏，因此计算中忽略下层植被的生物量。使用最大-最小生物量方法（McClaugherty & Aber，1982）计算细根生产量，然后乘以其含碳率得到细根周转的碳输入量。

2007 年 7 月，使用木框（20 cm×20 cm）从每个样地随机收集 3 次枯落物，然后在 80℃下烘干至恒重。凋落物碳密度采用枯落物量乘以其含碳率计算。土壤有机碳密度（0～40 cm）的具体估算方法参见第 6 章。

NEP 采用下式估算：

$$NEP = NPP - Rh \qquad (7\text{-}4)$$

其中，所有值均以 $t/(hm^2 \cdot a)$ 表示；Rh 表示异养呼吸的碳排放；NEP 值为负，表示碳源；NEP 值为正，表示碳汇。

统计分析在 SPSS15.0 软件中进行。使用 ANOVA 检验异养呼吸、细根生物量、土壤碳密度及土壤温度等参数在不同处理间差异的显著性。采用非线性回归和多元逐步回归拟合异养呼吸速率与土壤温度及其它因子的相关关系。显著性水平为 $\alpha = 0.05$ 或 $\alpha = 0.01$。所有图形采用 SigmaPlot 10.0 软件绘制。

7.2　人工林异养呼吸动态

7.2.1　不同树龄人工林异养呼吸动态

杨树人工林的异养呼吸存在明显的日变化（图 7-2）。一日之内，异养呼吸速率的低值出现在早晨，然后随土壤温度的上升而缓慢升高，峰值一般出现在 16:00 左右。异养呼吸的日变化幅度在 0.31～1.86 $\mu mol/(m^2 \cdot s)$ 之间，变化幅度较小。其日变化规律与表层土壤温度的变化规律基本一致。

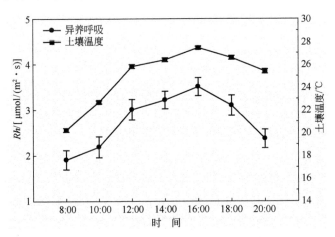

图 7-2　杨树人工林异养呼吸日变化

由于在 2007 年 4 月份曾进行断根处理，断根之后根系不会立即死亡，仍会释放出 CO_2。所以，5 月份的第一次测定可能会高估异养呼吸强度。从图可知，5 月份的呼吸速率略高于 6 月份（图 7-3）。从 6 月份开始，异养呼吸速率随着土壤温度上升而增强，一直持续到 7 月底出现峰值，之后在 9 月份，温度大幅下降，导致异养呼吸速率迅速下降。人工林的异养呼吸呈现明显的季节变化（图 7-3），并与土壤呼吸的季节变化趋势有很好的对应关系。在整个生长季，2 年、7 年和 12 年生人工林的异养呼吸平均值在 1.72～4.11 μmol/(m²·s)之间，分别占土壤呼吸的 42.0%、56.2% 和 61.4%。不同树龄间差异显著。

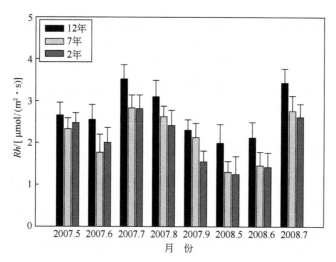

图 7-3　不同树龄杨树人工林异养呼吸的季节变化

在生长季，因所有林地每月灌溉一次，基本上保证了人工林的用水需求。各林地 0～10 cm 的土壤含水量大致在 23.2%～27.8% 之间，且季节波动不明显。相关分析表明，土壤含水量与异养呼吸速率相关不显著（$P>0.05$），而异养呼吸速率与死亡细根生物量（0～10 cm）和枯落物量呈显著正相关（图 7-4，$P<0.05$）。异养呼吸作用与 5 cm 土壤温度呈显著的指数相关（表 7-1，$R^2 =0.56$～0.81），并求得异养呼吸 Q_{10} 值为 2.01～2.28。

由于 3 个不同树龄人工林异养呼吸与土壤温度为显著相关（表 7-1），所

表 7-1　不同树龄人工林异养呼吸与土壤温度的指数相关

树龄/a	指数模型	P 值
2	$Rh = 0.332e^{0.0701T}$, $R^2 = 0.73$	$P<0.001$
7	$Rh = 0.382e^{0.0736T}$, $R^2 = 0.85$	$P<0.001$
12	$Rh = 0.480e^{0.0817T}$, $R^2 = 0.70$	$P<0.001$

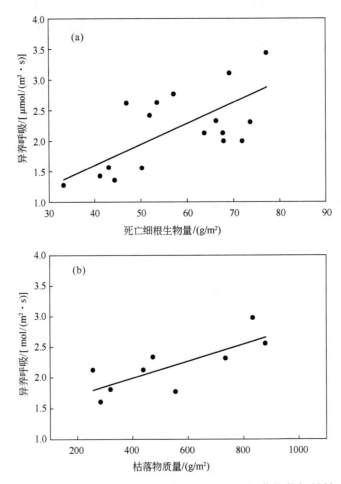

图 7-4　杨树人工林异养呼吸与死亡细根及枯落物的相关性

以，基于土壤温度（5 cm）的实测值（图 7-1），一年内（2007 年 6 月—2008 年 5 月）每日 Rh 值可由此指数模型计算得出。通过累计每日 Rh 值，估算得 2 年、7 年和 12 年生人工林异养呼吸的全年碳损失约为 5.16 t/(hm²·a)、6.21 t/(hm²·a) 和 6.72 t/(hm²·a)。

7.2.2　不同品种人工林异养呼吸动态

基于生长季节的观测可知，3 个不同品种人工林异养呼吸与土壤温度为指数相关（图 7-5，表 7-2）。由于 2007 年 12 月—2008 年 2 月，土壤温度低于零度，所以假定在此期间异养呼吸速率为零。土壤异养呼吸与土壤温度（5 cm）的年内变化（2007 年 6 月—2008 年 5 月）如图 7-6 所示。3 个不同品种人工林异养呼吸速率均呈现明显的季节变化，随温度升高快速增加，与温度的变化趋势高度吻合。

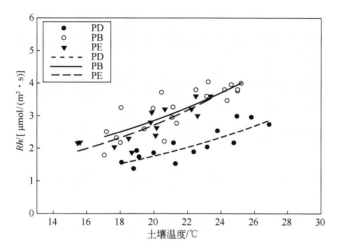

图 7-5 三个不同品系杨树人工林异养呼吸与土壤（5 cm）温度之间的指数相关

注：PD、PB 和 PE 分别表示黑杨、大叶钻天杨和沙兰杨

表 7-2 不同品种人工林异养呼吸与土壤温度的指数相关

杨树品种	异养呼吸指数模型	R^2	P 值
黑杨	$Rh=0.3957e^{0.0742T}$	0.83	$P<0.001$
大叶钻天杨	$Rh=0.7756e^{0.0651T}$	0.69	$P<0.001$
沙兰杨	$Rh=0.5792e^{0.0772T}$	0.73	$P<0.001$

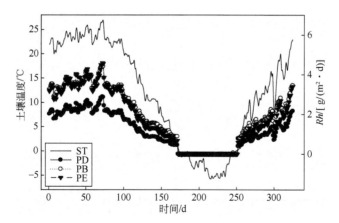

图 7-6 三个不同品系杨树人工林异养呼吸的年内变化

注：PD、PB 和 PE 分别表示黑杨、大叶钻天杨和沙兰杨；ST 表示土壤温度的变化

7.2.3　异养呼吸影响因子分析

　　杨树人工林异养呼吸存在明显的日变化和季节变化规律，并与表层土壤温度的变化紧密相关。异养呼吸与 5 cm 的土壤温度的指数模型表明，异养呼吸与土壤温度呈显著正相关。Moncrieff 等（1999）认为，土壤含水量小于 15%或大于 35%，有可能抑制土壤微生物的呼吸作用。在本研究中，土壤含水量在23.2%～27.8%之间，且波动较小，处于较适宜的波动范围，不是异养呼吸的限制因子，因此土壤含水量与异养呼吸速率相关不显著。对格氏栲及杉木人工林的土壤异养呼吸定位研究表明，这两种人工林土壤异养呼吸的季节变化均呈单峰曲线，最大峰值出现在夏季，最小值出现在冬季，且主要受土壤温度的影响，只在极端干旱的年份受土壤湿度的影响（杨玉盛等，2006）。对硬阔叶林和落叶松人工林的研究也表明，土壤异养呼吸主要受土壤温度的控制（杨金艳等，2006）。这与本研究结果相一致，在无水分胁迫的情况下，土壤温度升高可以改变微生物的生理活性，有利于土壤有机质的分解。

　　在大部分陆地生态系统中，异养呼吸在很大程度上是土壤呼吸的重要组成部分。大多数研究结果表明，异养呼吸所占土壤呼吸的比例在 50%～68%之间（Kelting 等，1998；Nakane 等，1996）。Buchmann 等（2000）对 47～146 年生挪威云杉（$Pinus\ abies$）生态系统的研究中发现，异养呼吸组分占土壤呼吸的比例大于 70%。与以前的研究结果相比，本研究中异养呼吸所占的比例偏小，为 42.9%。究其原因，可能是本研究杨树的林龄小，枯枝落叶积累较少的缘故；并且每年进行的松土除草管理，造成 CO_2 在短期内被大量排放，不利于土壤有机碳的储存。

　　比较而言，成熟林地的异养呼吸速率要高于幼林，这也与成熟林地的土壤表层有机碳含量偏高相一致。土壤异养呼吸作用实际上是土壤有机质分解的过程，土壤有机质是微生物进行分解活动排放 CO_2 的基质来源，而且对土壤结构等物理化学性质都有很大影响。多数研究表明，土壤呼吸作用与土壤有机质含量及其组成密切相关。Bond-Lamberty 等（2004）综合了全球 54 个地区的研究资料，发现土壤异养呼吸与凋落物量（包括地上枯枝落叶与地下死根系）呈现显著正相关。本研究经实地调查发现，成熟林地的表层土壤中，有大量累积的死亡细根，而在幼林地，绝大部分细根处于生长代谢的活跃阶段。结果表明，异养呼吸与死细根及枯落物质量密切相关，12 年生林地的枯落物及死细根碳储量分别为 5.33 t/hm^2 和 0.82 t/hm^2，显著高于其它两个树龄。可见，呼吸底物的差异是造成异养呼吸差异的主要因素。

森林土壤异养呼吸是指森林土壤在微生物参与下的矿化过程，是土壤呼吸的重要组成部分（Raich 等，1992）。土壤异养呼吸受温度、湿度、植被类型（地上和地下枯落物数量和质量）、土壤性质（土壤活性有机碳、土壤微生物数量和组成、土壤排水状况）等影响，表现出强烈的时空变异性。土壤异养呼吸是森林生态系统碳库的主要损失途径之一，与净初级生产力（NPP）共同决定森林碳汇的大小（Woodwell 等，1978；Grace 等，1999）。因此，土壤异养呼吸的准确估算是评估生态系统固碳的重要基础。但目前对异养呼吸的估算有较大不确定性。近年来，许多学者利用 CEVSA 等模型估算区域土壤异养呼吸的碳排放。如庞瑞等（2012）利用 CEVSA 模型中的土壤碳氮转化子模型估算土壤有机质的分解与转化，但模型估算结果需要进行实测验证。所以，土壤异养呼吸碳排放的准确估算是评估生态系统固碳潜力的关键环节。

7.3　不同树龄杨树人工林净生态系统生产力

7.3.1　不同树龄人工林净初级生产力估算

根据胸径和树高的年增量，由异速生长方程可得，2 年、7 年和 12 年生人工林生物量碳库的年增量约为 3.11 t/(hm² ·a)、5.44 t/(hm² ·a)和 6.84 t/(hm² ·a)（表 7-3）。根据细根的含碳率（37.6%），3 个不同树龄杨树人工林的细根净生产力约在 0.82～1.33 t/(hm² ·a)之间（表 7-3）。在 3 个不同树龄杨树人工林中，12 年生人工林拥有最高的净初级生产力，为 8.17 t/(hm² ·a)，显著高于其它树龄（$P < 0.01$）（表 7-3）。

表 7-3　三个不同树龄杨树人工林的 NPP

	2 年	7 年	12 年
生物量碳年增量/[t/(hm² ·a)]	3.11±0.1[c]	5.44±0.7[b]	6.84±0.9[a]
细根生产碳量/[t/(hm² ·a)]	0.82±0.1[b]	0.98±0.1[a]	1.33±0.2[a]
NPP/[t/(hm² ·a)]	3.93±0.2[c]	6.42±0.8[b]	8.17±1.2[a]
异养呼吸碳排放/[t/(hm² ·a)]	5.16±0.7[b]	6.21±1.3[a]	6.72±1.5[a]

注：同一行的不同字母 a、b、c 表示 $P < 0.05$ 水平的差异的显著性。

7.3.2　不同树龄杨树人工林净生态系统生产力

通过累计每日 Rh，估算得 2 年、7 年和 12 年生人工林通过异养呼吸的全年碳损失约为 5.16 t/(hm^2·a)、6.21 t/(hm^2·a)和 6.72 t/(hm^2·a)。由于净生态系统生产力为净初级生产力与异养呼吸碳排放之差，由此可知，2 年生人工林的 NEP 最小，为−1.23 t/(hm^2·a)，而 12 年生人工林的 NEP 最大，为 1.45 t/(hm^2·a)（图 7-7），3 个不同树龄杨树人工林的 NEP 差异显著。由于碳排放大于碳吸收，2 年生人工林为碳源；7 年和 12 年生杨树人工林均为碳汇，但 12 年生人工林的固碳效率高于 7 年生人工林（图 7-7）。

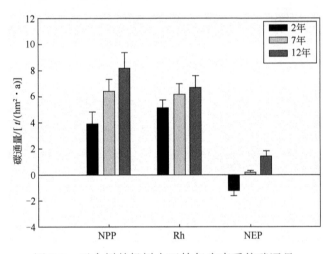

图 7-7　三个树龄杨树人工林年生态系统碳通量

注：NPP、NEP 和 Rh 分别表示净初级生产力、净生态系统生产力和异养呼吸

7.3.3　树龄对人工林净生态系统生产力的影响

森林生态系统的固碳能力表现为碳吸收与碳损失之间的平衡（Arain & Natalia，2005；Houghton，2020），可用它们之间的差值近似估算。Gielen 等（2005）研究了意大利中部杨树人工林的碳平衡状况，发现种植第 2 年的人工林 NEP 高达 10.66 t/(hm^2·a)。对加拿大阿尔伯塔省 9～11 年杨树人工林的研究表明，杨树人工林的 NEP 达到 12.97 t/(hm^2·a)（Arevalo 等，2011）。本研究中，3 个不同树龄杨树人工林的 NEP 介于−1.23～1.45 t/(hm^2·a)之间，小于前人的研究结果。魏远等（2010）研究了湖南岳阳地区杨树人工林生态系统净碳交换，发现杨树人工林的 NEP 为 5.79 t/(hm^2·a)。不同地区杨树人工林 NEP 的差异可

能是由于气候、土壤及管理措施的不同所致。

对生物群区碳循环模式的整合研究表明，一般来说，幼龄期（0～10 年）温带森林的负 NEP 值一般是由高异养呼吸速率引起的（Pregitzer & Euskirchen，2004）。本研究中，较低的 NPP 和高异养呼吸碳排放导致 2 年生人工林的 NEP 为负值。唐祥等（2013）采用涡度相关法对北京市杨树混交人工林的碳交换进行了连续观测，表明该森林生态系统年均排放碳量 2.56 t/(hm^2·a)。由于人工林处于幼龄阶段，土壤碳排放较大，而光合固碳能力有限。随着林木的成熟，人工林有望逐步转化为碳汇。树龄不仅决定生物量的生产，而且在很大程度上影响人工林的碳吸收能力。轮伐期的合理选择除了实现高木材蓄积量以外，对于优化 NEP 也至关重要。研究表明，幼龄期杨树林为一个"碳源"，而 10 年后，杨树林即可转变为一个"碳汇"，所以，建造短轮伐期杨树人工林，是碳汇林业的理想选择，可作为吸收大气 CO_2 的有效策略之一。

7.4 不同品种杨树人工林净生态系统生产力

7.4.1 不同品种人工林生态系统碳分配

在 2007 年和 2008 年生长季，黑杨和沙兰杨在胸径和树高等生长指标方面优于大叶钻天杨（表 7-4）。相应地，黑杨和沙兰杨的现存生物量和生物量碳储量显著高于大叶钻天杨（$P<0.01$）（表 7-4）。人工林生态系统的生物量碳密度表现为：黑杨（60.16 t/hm^2）＞沙兰杨（55.23 t/hm^2）＞大叶钻天杨（35.64 t/hm^2），三个不同品种杨树人工林的生物量碳储量平均为 50.34 t/hm^2。三个不同品种杨树人工林中，林下的凋落物碳储量差异不显著，黑杨最高（2.33 t/hm^2）（表 7-4）。沙兰杨的土壤碳储量（0～40 cm）最小，为 65.2 t/hm^2，而黑杨最大，为 69.3 t/hm^2。表层土壤碳储量高于 10～20cm 土层（表 7-4）。

总的来说，大叶钻天杨的总生态系统碳储量显著低于其它品种人工林（$P<0.01$）。三个不同品种人工林的总生态系统碳储量表现为：黑杨＞沙兰杨＞大叶钻天杨林（表 7-4）。平均生态系统碳储量达到 120.03 t/hm^2，其中土壤碳储量占生态系统总碳储量的 58.1%，而 41.9%存储在树木生物量中。尽管所有品种人工林的土壤碳库都大于生物量碳库，但土壤碳库不存在显著差异，而品种对生物量碳库存在显著影响（$P<0.01$）。

表7-4　三个不同品种杨树人工林的生态系统碳储量

品种类型		黑杨	大叶钻天杨	沙兰杨
树木生物量/(t/hm²)		128.01±8.7[a]	75.82±5.2[b]	117.51±9.6[ab]
树木碳储量/(t/hm²)		60.16±3.9[a]	35.64±2.5[b]	55.23±4.3[a]
枯落物碳储量/(t/hm²)		2.33±0.5[a]	2.11±0.4[a]	2.26±0.7[a]
土壤碳储量/ (t/hm²)	0~10 cm	20.26±2.5[a]	20.41±2.3[a]	18.84±2.7[a]
	10~20 cm	18.73±2.0[a]	18.20±1.9[a]	17.13±1.6[a]
	20~40 cm	30.31±2.9[a]	29.26±2.6[a]	29.23±2.3[a]
生态系统碳储量/(t/hm²)		131.79±10.3[a]	105.62±9.7[b]	122.69±11.6[a]

注：同一行数据上方的不同字母a、b代表差异的显著性。

树木和土壤被认为具有很大的碳储存潜力（Houghton，2005；Gower等，2001）。Fang等（2007）研究表明，8年生杨树人工林的生物量碳储量为57.8 t/hm²，而土壤碳储量达78.4 t/hm²。在加拿大北部，9年生杨树人工林中的生物量碳储量为54.7 t/hm²，而土壤有机碳储量（0~50 cm深度）达119.4 t/hm²（Arevalo等，2011）。在瑞典，成熟杨树人工林的生物量碳库高达150.7 t/hm²（Rose-Marie，2012）。本研究的平均生物量碳储量（50.34 t/hm²）和土壤碳储量（67.46 t/hm²）低于前人的研究结果（Jia等，2013）。碳吸存能力的差异可能是由于不同品种选择、土壤条件、气候条件和管理措施引起的。例如，由于瑞典杨树人工林建立在肥沃的土壤上，并经过适当的人工管理，才可达到较高的生物量碳储量。因此，人工林在肥沃的土地上往往比在退化的土地上能获得更大的碳吸存。

7.4.2　不同品种人工林净初级生产力估算

根据胸径和树高的年增量，黑杨、大叶钻天杨和沙兰杨人工林生物量的年增量分别为20.61 t/(hm²·a)、11.58 t/(hm²·a)和17.93 t/(hm²·a)。大叶钻天杨生物量碳库的年增量约为5.44 t/(hm²·a)，显著低于其它两个品种（$P<0.01$）（表7-5）。根据细根的含碳率（37.6%），3个不同品种杨树人工林的细根净生产力约在0.83~1.03 t/(hm²·a)之间（表7-3）。大叶钻天杨的NPP约等于6.42 t/(hm²·a)，显著低于黑杨和沙兰杨（$P<0.01$）。在3个杨树人工林中，黑杨拥有最高的净初级生产力，可达10.72 t/(hm²·a)（表7-5）。

表 7-5　三个不同品种杨树人工林的 NPP 和 NEP

品种类型	黑杨	大叶钻天杨	沙兰杨
生物量碳年增量/[t/(hm²·a)]	9.69±1.0[a]	5.44±0.7[b]	8.43±1.2[a]
细根生产碳量/[t/(hm²·a)]	1.03±0.2[a]	0.98±0.1[a]	0.83±0.2[a]
NPP/[t/(hm²·a)]	10.72±1.2[a]	6.42±0.8[b]	9.26±1.4[a]
异养呼吸碳排放/[t/(hm²·a)]	3.95±0.9[b]	6.21±1.1[a]	5.89±1.3[a]

注：1. 同一行数据上方的不同字母 a、b 表示 0.05 水平的显著差异；

　　2. Rh 和 T 代表平均异养呼吸和 5 cm 土壤温度。

7.4.3　不同品种杨树人工林净生态系统生产力

通过累计每日 Rh，估算得黑杨、沙兰杨和大叶钻天杨通过异养呼吸的全年碳损失约为 3.95 t/(hm²·a)、5.89 t/(hm²·a)和 6.21 t/(hm²·a)。由于净生态系统生产力为净初级生产力与异养呼吸碳排放之差，所以大叶钻天杨人工林的 NEP 最小，为 0.21 t/(hm²·a)，而黑杨的 NEP 最大，可达 6.77 t/(hm²·a)（图 7-8）。可以看出 3 个不同品种杨树人工林的 NEP 显著不同。由于人工林的碳排放（Rh）均小于碳吸收，3 个不同品种杨树人工林均为碳汇，一年内平均固碳约3.45 t/(hm²·a)。

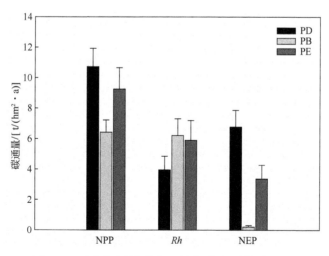

图 7-8　三个杨树品种人工林年生态系统碳通量

注：NPP、NEP 和 Rh 分别表示净初级生产力、净生态系统生产力和异养呼吸；

　　PD、PB、PE 分别代表黑杨、大叶钻天杨和沙兰杨

7.4.4　品种选择对杨树人工林固碳的影响

短轮伐期人工林的固碳能力主要取决于它们的生物量，而品种是决定生物量生产或 NPP 的主要因素（Rae 等，2004）。前人的研究表明，不同杨树品种的生产力存在显著差异。据 Dickman（2006）的估计，不同品种杨树人工林的年生物量增量通常介于 2.5～10 t/(hm²·a)之间。Dillen 等（2013）研究表明，比利时不同杨树品种的年生产力在 1.7～5.25 t/(hm²·a)之间。在瑞典，某一杨样品种人工林的年生产力达 7.53 t/(hm²·a)（Rose-Marie，2012）。本研究中，3 种杨树品种的 NPP 也存在显著差异，黑杨林分的 NPP 最高 [10.72 t/(hm²·a)]。因为 3 个杨树品种人工林有类似的土壤特性、土地利用历史和管理措施，所以，NPP 的差异可能与不同基因型导致的生长特性变异有关。

高产人工林由于高 NPP 有助于降低大气中的 CO_2 水平。采用黑杨无性系的杨树人工林往往有较高产量和碳储量。在加拿大艾伯塔省中部，黑杨人工林的 NPP 可达 14.74 t/(hm²·a)（Arevalo 等，2011）。Lodhiyal 等（1995）发现杨树无性系（ *P. deltoids* M. ）人工林的 NPP 达到 16.2 t/(hm²·a)。Fang 等（2007）分析了中国南方杨树人工林的碳储存量，估算得黑杨人工林的年碳增量达 11.0 t/(hm²·a)。本研究中，黑杨人工林的 NPP 与之前的研究结果相接近。Green 等（2001）研究表明，黑杨的光合能力高于其它杨树无性系，这可能是导致高碳吸收率的一个重要因素。

森林生态系统的净生产力为碳吸收与碳损失之间的平衡（Arain & Natalia，2005；Houghton，2020）。不同品种杨树人工林 NPP 的显著差异必然导致 NEP 的差异。本研究中，3 个不同品种杨树人工林的 NEP 介于 0.21～6.77 t/(hm²·a)之间，差异显著，其中黑杨人工林的净碳吸收效率最高。Arevalo 等（2011）对加拿大阿尔伯塔省杨树人工林的研究表明，其 NEP 可达到 12.97 t/(hm²·a)，高于本研究的结果。魏远等（2010）研究了湖南岳阳地区杨树人工林生态系统净碳交换，发现杨树人工林的 NEP 约为 5.79 t/(hm²·a)，与本研究黑杨品系的结果较为接近。不同地区 NEP 的差异可能是由于气候、土壤及管理措施的不同所致。

在本研究中，不同品种杨树人工林虽然具有相似的环境条件和管理措施，但 NEP 差别却很大。因此，NEP 的差异主要归因于人工林的生长性能、冠层特征及其所导致的林分微气候的差异。本研究中，大叶钻天杨林的土壤温度高于其它种类人工林，导致它的异养呼吸速率偏高。由此，较低的 NPP 和高碳排放导致大叶钻天杨的 NEP [0.21 t/(hm²·a)] 最小。杨树品种不仅决定生物量的生产，而且在很大程度上影响碳吸收能力。品种选择除了实现高生长率以外，对于优化 NEP 也至关重要。所以，选择合适的杨树品种建造短轮伐期人工林，可作为吸收大气 CO_2 的有效策略。

除了气候和土壤因素外，对人工林进行集约化管理（如灌溉和杂草控制）时，通常可以实现杨树人工林的高 NEP。适宜的管理措施可能有利于增加地上和地下 NPP，以及大量凋落物在土壤中快速稳定，从而导致高 NEP 值（Waring & Schlesinger，1985）。此外，本研究的 NEP 是在灌溉条件下获得的，这说明了土壤水分的重要性，特别是在干旱地区，杨树人工林的高生产力严重依赖水分供应。

7.5　主要人工林类型净生态系统生产力的比较

森林因其巨大的固碳潜力而备受关注。气候变暖是未来全球变化的主要驱动因子，温度上升必然对生态系统 NEP 产生深刻影响。据第九次全国森林资源清查结果显示，杨树人工林面积约为 757 万 hm^2，蓄积量约为 5.46 亿 m^3，分别占人工乔木林面积和蓄积的 13% 和 16%，在人工林中排名第 2 位，仅次于杉木林（国家林业和草原局，2019）。我国人工林面积位居世界第一，除杉木和杨树人工林外，其它优势树种人工林还包括落叶松和马尾松等（盛炜彤，2018）。准确估算各类人工林生态系统的固碳效率及其碳汇潜力是近年国际社会关注的焦点。但目前为止，现有的大尺度森林碳储量研究未能准确反映森林碳汇龄级结构和空间分布特征，全国尺度的森林碳储量估算也没有考虑不同树种的影响及其采伐更新。所以，综合分析不同人工林类型的净生态系统生产力，可为大区域尺度森林的固碳效率及其碳汇潜力评估提供科学依据。

众所周知，天然林具有较高的固碳效率。我国常绿阔叶林的平均 NEP 可达 7.29 $t/(hm^2 \cdot a)$，落叶阔叶林的平均值为 4.07 $t/(hm^2 \cdot a)$（周玉荣等，2000）。热带雨林的 NEP 约为 5.90 $t/(hm^2 \cdot a)$（Mahli 等，1998）。关于人工林的相关研究表明，一些速生人工林的固碳效率可与天然林相媲美（表 7-6）。

不同造林树种的固碳能力或效率存在显著差异。研究表明，华北落叶松、杨树、杉木、毛竹和格氏栲人工林的 NEP 相差较大，介于 0.30~7.66 $t/(hm^2 \cdot a)$ 之间（表 7-6），其中格氏栲人工林的 NEP 最大，为 7.66 $t/(hm^2 \cdot a)$（杨玉盛等，2007），而落叶松人工林的 NEP 最小，仅为 0.30 $t/(hm^2 \cdot a)$（贾彦龙等，2016）。

森林类型是决定人工林生态系统固碳储潜力的重要因素之一。前人研究表明，湖南省的杉木林和毛竹林具有较高的净生产力，但低于同地区杨树人工林

NEP 的 5.79 t/(hm^2·a)（魏远等，2010）。本研究中，7 年生黑杨的 NEP 为 6.77 t/(hm^2·a)，高于湖南岳阳地区杨树人工林的 NEP 值，与格氏栲人工林的 NEP 值较为接近（表 7-6）。不同造林树种导致光合效率、生长速率、地上及地下碳分配比例、根系生长周转和枯落物数量及质量等诸多因子的差异，最终导致人工林净生产力的较大差异。森林类型对于植被呼吸及干物质消耗影响显著，如油松、白桦林年呼吸消耗的干物质分别是辽东栎林分的 3.08 倍和 1.63 倍，差异显著。这些差异又由于森林群落所处的地理环境、林分年龄等因素而各不相同。因此在大尺度生态系统碳收支研究中，有必要区分不同人工林类型间的差异。

表 7-6　不同人工林类型固碳效率比较

研究地	人工林类型	研究方法	NPP/ t/(hm^2·a)	NEP/ t/(hm^2·a)	来源
北京大兴	杨树林（4 年）	涡度相关	—	2.56	唐祥等，2013
湖南岳阳	杨树林（5 年）	涡度相关	—	5.79	魏远等，2010
河北木兰围场	华北落叶松	模型模拟	1.5～7.5	0.30	贾彦龙等，2016
湖南会同	毛竹林	实测	10.61	3.96	肖复明等，2010
湖南会同	杉木林（15 年）	实测	7.36	3.07	肖复明等，2010
福建三明	格氏栲（36 年）	实测	13.64	7.66	杨玉盛等，2007
福建三明	杉木林（36 年）	实测	6.60	3.62	杨玉盛等，2007
陕西省	刺槐林	模型模拟	3.0～6.0	1.45	梁思琦等，2019
新疆伊犁	黑杨人工林（7 年）	实测	10.72	6.77	本研究

在未来气候变化的情景下，人工林生态系统的 NEP 不仅取决于造林树种

的选择，也是温度、降水以及 CO_2 浓度等环境因素共同作用的结果（Dai 等，2016；Keenan 等，2014；Jung 等，2017）。张弥等（2018）认为，极端高温天气及伴随的饱和水汽压差增大、土壤含水量降低等环境因子改变是控制森林生态系统 NEP 的主要因子。降水可通过改变土壤含水量和入射辐射来影响森林生态系统 GPP 和呼吸作用，从而导致 NEP 的改变。此外，有研究表明，NEP 的年际变化与气温导致的森林物候变化有关（Keenan 等，2014），例如，春季温度升高会促进叶片萌发。由于对气候因子的响应机制不同，不同类型人工林 NPP 在年际变化上有所不同（梁思琦等，2019），必然导致人工林生态系统 NEP 的改变。

在全球变化的大背景下，温度升高是决定区域生态系统碳源或碳汇的重要因子。李洁等（2014）基于生态系统模型（CEVSA），对 1961—2010 年东北地区净生态系统生产力的时空格局及变化趋势进行分析，结果表明升温伴随降水增加导致 1961—1990 年 NEP 呈增加趋势，而其后升温伴随降水减少则是近 20 年东北区域碳汇功能减弱的重要原因。庞瑞等（2012）认为，由于气候变化导致西南高山地区异养呼吸增强速度大于 NPP 增加速度，NEP 在 1954—2010 时段下降显著。在年际尺度上，未来气候的暖干化趋势会进一步削弱西南高山林区的碳汇潜力。所以，全球变暖及其相关的降水及物候改变必然导致人工林固碳能力的波动，未来应加强这方面的研究，提高 NEP 估算的精确性。

不同研究方法对 NEP 的评估均存在一定的不确定性（Cahill 等，2009；Ishihara 等，2015）。庞瑞等（2012）认为，NEP 估算结果的不确定性要远大于 NPP，误差主要来源于异养呼吸的估算。庞瑞等（2012）应用 CEVSA 模型估算了西南高山地区净生态系统生产力的时空变化，但其中使用公式估算异养呼吸碳排放存在一定误差。采用异速生长方程估算人工林 NPP 也会导致一定误差，因为异速生长方程有一定的地域局限性。此外，挖壕等实验方法的局限以及对 Rh 的非生长季观测的缺失，导致土壤碳损失的年度估算可能存在较大的不确定性。生态系统模型的使用可能存在多种不确定性，如过程模型已经成为研究全球变化对陆地森林生态系统影响的重要手段（梁思琦等，2019），使植被组成、结构及其功能对气候变化响应的动态模拟过程更加精细，但忽略了植被对气候的反馈作用，并可能影响森林 NPP 和 NEP 模拟的准确性。

目前，人工林固碳潜力的估算还存在很大的不确定性。首先，森林碳储量动态对固碳潜力的估算至关重要。在实际取样过程中，研究者倾向于调查状况较好的林分，可能造成区域森林碳储量估算值的偏高。其次，人工林的呼吸作用尤其是异养呼吸作用评估存在较大误差，会导致固碳潜力的估算误差。此外，人为活动因素也增加了固碳潜力估算的不确定性。人工林碳汇受自然和人为等多种因素的影响，同一森林类型在不同人为措施影响下（如造林、间伐、施肥、浇水），其碳汇功能存在较大差异。因此，准确估算大尺度人工林的固碳潜力具有一定难度，未来应结合不同时空尺度下的样地清查资料以及野外实地监测数据，降低固碳估算的不确定性，以更准确地反映区域及更大尺度的碳收支状况。

参考文献

白雪爽，胡亚林，曾德慧，等，2008. 半干旱沙区退耕还林对碳储量和分配格局的影响[J]. 生态学杂志，27（10）：1647-1652.

秘洪雷，兰再平，孙尚伟，等，2017. 滴灌栽培杨树人工林细根空间分布特征[J]. 林业科学研究，30（6）：946-953.

常顺利，杨洪晓，葛剑平，2005. 净生态系统生产力研究进展与问题[J]. 北京师范大学学报：自然科学版，41：517-521.

陈光水，杨玉盛，王小国，等，2005. 格氏栲天然林与人工林根系呼吸季节动态及影响因素[J]. 生态学报，25（8）：1941-1947.

陈广生，田汉勤，2007. 土地利用/覆盖变化对陆地生态系统碳循环的影响[J]. 植物生态学报，31（2）：189-204.

陈文荣，2000. 拟赤杨人工林地上部分净生产力动态变化研究[J]. 福建林业科技，27（3）：31-34.

程然然，关晋宏，张建国，等，2017. 甘肃省5种典型人工林生态系统固碳现状与潜力[J]. 应用生态学报，28（4）：1112-1120.

褚金翔，张小全，2006. 川西亚高山林区三种土地利用方式下土壤呼吸动态及组分区分[J]. 生态学报，26（6）：1693-1700.

董利虎，刘永帅，宋博，等，2020. 立木含碳量估算方法比较[J]. 林业科学，56（4）：46-54.

段劼，马履一，贾黎明，等，2010. 抚育间伐对侧柏人工林及林下植被生长的影响[J]. 生态学报，30（6）：1431-1441.

樊登星，余新晓，岳永杰，等，2008. 北京市森林碳储量及其动态变化[J]. 北京林业大学学报，30（S2）：117-120.

方精云，陈安平，2001. 中国森林植被碳库的动态变化及其意义[J]. 植物学报，43（9）：967-973.

方精云，刘国华，朱彪，等，2006. 北京东灵山三种温带森林生态系统的碳循环 [J]. 中国科学 D 缉，36（6）：533-543.

方精云，王娓，2007. 作为地下过程的土壤呼吸：我们理解了多少？[J]. 植物生态学报，

31（3）：345-347.

方精云，于贵瑞，任小波，等，2015. 中国陆地生态系统固碳效应 [J]. 中国科学院院刊，30（6）：848-857.

方升佐，2008. 中国杨树人工林培育技术研究进展[J]. 应用生态学报，19（10）：2308-2316.

冯瑞芳，杨万勤，张健，2006. 人工林经营与全球变化减缓[J]. 生态学报，26（11）：3870-3876.

国家林业和草原局，2014. 第八次全国森林资源清查[R]. http：//www. forestry. gov. cn.

郭忠玲，郑金萍，马元丹，等，2006. 长白山几种主要森林群落木本植物细根生物量及其动态[J]. 生态学报，26（9）：2855-2862.

贺金生，王政权，方精云，2004. 全球变化的地下生态学：问题与展望[J]. 科学通报，49（13）：1226-1233.

贺亮，苏印泉，季志平，等，2007. 黄土高原沟壑区刺槐、油松人工林的碳储量及分布特征研究[J]. 西北林学院学报，22（4）：49-53.

何永涛，石培礼，张宪洲，等，2009. 拉萨河谷杨树人工林细根的生产力及其周转[J]. 生态学报，29（6）：2877-2883.

胡会峰，刘国华，2006. 森林管理在全球 CO_2 减排中的作用[J]. 应用生态学报，17（4）：709-714.

黄承才，葛滢，常杰，等，1999. 中亚热带东部三种主要木本群落土壤呼吸的研究[J]. 生态学报，19（3）：324-328.

黄建辉，韩兴国，陈灵芝，1999. 森林生态系统根系生物量研究进展[J]. 生态学报，19（2）：270-277.

黄林，王峰，周立江，等，2012. 不同森林类型根系分布与土壤性质的关系[J]. 生态学报，32（19）：6110-6119.

贾黎明，刘诗琦，祝令辉，等，2013. 我国杨树林的碳储量和碳密度[J]. 南京林业大学学报（自然科学版），37（2）：1-7.

贾彦龙，李倩茹，许中旗，等，2016. 基于 CO_2 FIX 模型的华北落叶松人工林碳循环过程[J]. 植物生态学报，40：405-415.

孔令刚，王华田，姜岳忠，等，2006. 杨树不同品种更替连作对林地土壤生化特性的影响[J]. 水土保持学报，20（5）：69-72.

李翀，周国模，施拥军，等，2017. 不同经营措施对毛竹林生态系统净碳汇能力的影响[J]. 林业科学，53（2）：1-9.

李家永，袁小华，2001. 红壤丘陵区不同土地资源利用方式下有机碳储量的比较研究[J]. 资源科学，23（5）：73-76.

李洁，张远东，顾峰雪，等，2014. 中国东北地区近 50 年净生态系统生产力的时空动态[J]. 生态学报，34（6）：1490-1502.

李克让，王绍强，曹明奎，2003. 中国植被和土壤碳储量[J]. 中国科学，233（1）：72-80.

李凌浩，林鹏，邢雪荣，1998. 武夷山甜槠林细根生物量和生长量研究[J]. 应用生态学报，9（4）：337-340.

李凌浩，韩兴国，王其兵，等，2002. 锡林河流域一个放牧草原群落中根系呼吸占土壤总呼吸比例的初步估计[J]. 植物生态学报，26（1）：29-32.

李培芝，范世华，王力华，2001. 杨树细根及草根的生产力与周转的研究[J]. 应用生态学报，12（6）：829-832.

李奇，朱建华，冯源，等，2018. 中国森林乔木林碳储量及其固碳潜力预测[J]. 气候变化研究进展，14（3）：287-294.

李新宇，唐海萍，2006. 陆地植被的固碳功能与适用于碳贸易的生物固碳方式[J]. 植物生态学报，30（2）：200-209.

李跃林，彭少麟，赵平，等，2002. 鹤山几种不同土地利用方式的土壤碳储量研究[J]. 山地学报，20（5）：548-552.

李忠佩，王效举，1998. 红壤丘陵区土地利用方式变更后土壤有机碳动态变化的模拟[J]. 应用生态学报，9：365-370.

梁思琦，彭守璋，陈云明，2019. 陕西省典型天然次生林和人工林生产力对气候变化的响应[J]. 应用生态学报，30（9）：2892-2902.

梁万军，胡海清，刘富军，等，2006. 中国杨树生物量和碳储量研究进展[J]. 林业研究，17（1）：75-79.

刘恩，王晖，刘世荣，2012. 南亚热带不同林龄红锥人工林碳储量与碳固定特征[J]. 应用生态学报，23（2）：335-340.

刘国华，傅伯杰，方精云，2000. 中国森林碳动态及其对全球碳平衡的贡献[J]. 生态学报，20（5）：733-740.

刘纪远，王绍强，等，2004. 1990～2000年中国土壤碳氮蓄积量与土地利用变化[J]. 地理学报，59（4）：483-496.

刘领，王艳芳，悦飞雪，等，2019. 基于森林清查资料的河南省森林植被碳储量动态变化[J]. 生态学报，39（3）：864-873.

刘平，王宁，孙清江，等，2003. 新疆伊犁地区速生杨树生长模型及数量成熟研究[J]. 新疆农业大学学报，26（4）：45-48.

刘绍辉，方精云，1997. 土壤呼吸的影响因素及全球尺度下的温度影响[J]. 生态学报，17（5）：470-471.

刘绍辉，方精云，清田信，1998. 北京山地温带森林的土壤呼吸[J]. 植物生态学报，22（2）：119-126.

刘世荣，杨予静，王晖，2018. 中国人工林经营发展战略与对策：从追求木材产量的单一目标经营转向提升生态系统服务质量和效益的多目标经营[J]. 生态学报, 38（1）: 1-10.

刘迎春, 高显连, 付超, 等, 2019. 基于森林资源清查数据估算中国森林生物量固碳潜力 [J]. 生态学报, 39（11）: 4002-4010.

骆土寿, 陈步峰, 李意德, 等, 2001. 海南岛尖峰岭热带山地雨林土壤和凋落物呼吸研究 [J]. 生态学报, 21（12）: 2013-2017.

马晖, 于卫平, 黄利江, 等, 2004. 速生丰产杨树林的节水灌溉实践[J]. 林业科学研究, 17: 119-121.

马志良, 赵文强, 刘美, 等, 2018. 土壤呼吸组分对气候变暖的响应研究进展[J]. 应用生 态学报, 29（10）: 3477-3486.

马子清, 2001. 山西植被[M]. 北京: 中国科学技术出版社.

莫江明, 彭少麟, Brown S, 等, 2004. 鼎湖山马尾松林群落生物量生产对人为干扰的响应 [J]. 生态学报, 24: 24-29.

牛正田, 张绮纹, 彭镇华, 2006. 国外杨树速生机制与理想株型研究进展[J]. 世界林业研 究, 19（2）: 23-27.

庞瑞, 顾峰雪, 张远东, 等, 2012. 西南高山地区净生态系统生产力时空动态[J]. 生态学 报, 32（24）: 7844-7856.

裴智琴, 周勇, 郑元润, 等, 2011. 干旱区琵琶柴群落细根周转对土壤有机碳循环的贡献 [J]. 植物生态学报, 35（11）: 1182-1191.

邱岭, 祖元刚, 王文杰, 等, 2011. 帽儿山地区落叶松人工林 CO_2 通量特征及对林分碳收 支的影响[J]. 应用生态学报, 22（1）: 1-8.

单建平, 陶大立, 王淼, 等, 1993. 长白山阔叶红松林细根动态[J]. 应用生态学报, 4（3）: 241-245

上官周平, 邵明安, Dyckmans J, 2000. 土壤中山毛榉根系呼吸的碳素损失[J]. 土壤学报, 374: 549-552.

沈瑞昌, 徐明, 方长明, 等, 2018. 全球变暖背景下土壤微生物呼吸的热适应性: 证据、 机理和争议[J]. 生态学报, 38（1）: 11-19.

盛炜彤, 2018. 关于我国人工林长期生产力的保持[J], 林业科学研究, 31（1）: 1-14.

史建伟, 王孟本, 陈建文, 等, 2011. 柠条细根的分布和动态及其与土壤资源有效性的关 系[J]. 生态学报, 31（14）: 3990-3998.

史军, 刘纪远, 高志强, 2004. 造林对陆地碳汇影响的研究进展[J]. 地理科学进展, 23（2）: 58-67.

孙虎, 李凤日, 孙美欧, 等, 2016. 松嫩平原杨树人工林生态系统碳储量研究[J]. 北京林 业大学学报, 38（5）: 33-41.

唐罗忠, 生原喜久雄, 黄宝龙, 等, 2004. 江苏省里下河地区杨树人工林的碳储量及其动态[J]. 南京林业大学学报（自然科学版），28（2）：1-6.

唐祥，陈文婧，李春义，等，2013. 北京八达岭林场人工林净碳交换及其环境影响因子[J]. 应用生态学报，24（11）：3057-3064.

陶波，曹明奎，李克让，等，2006. 1981—2000年中国陆地净生态系统生产力空间格局及其变化[J]. 中国科学（D辑），36（12）：1131-1139.

王淼，姬兰柱，李秋荣，等，2003. 土壤温度和水分对长白山不同森林类型土壤呼吸的影响[J]. 应用生态学报，14（8）：1234-1238.

王小国，朱波，王艳强，等，2007. 不同土地利用方式下土壤呼吸及其温度敏感性[J]. 生态学报，27（5）：1960-1968.

王效科，冯宗炜，欧阳志云，2001. 中国森林生态系统的植物碳储量和碳密度研究[J]. 应用生态学报，12（1）：13-16.

王伟峰，段玉玺，张立欣，等，2016. 不同轮伐期对杉木人工林碳固存的影响[J]. 植物生态学报，40（7）：669-678.

王旭，周广胜，蒋延玲，等，2007. 长白山阔叶红松林皆伐迹地土壤呼吸作用[J]. 植物生态学报，31（3）：355-362.

王延平，许坛，朱婉芮，等，2016. 杨树人工林细根数量和形态特征的季节动态及代际差异[J]. 应用生态学报，27（2）：395-402.

王叶，延晓冬，2006. 全球气候变化对中国森林生态系统的影响[J]. 大气科学，30（5）：1009-1018.

韦艳葵，贾黎明，王玲，等，2007. 速生丰产杨树林在地下滴灌条件下的根系生长特征[J]. 北京林业大学学报，29（2）：34-40.

魏鹏，李贤伟，范川，等，2013. 华西雨屏区香樟人工林土壤表层细根生物量和碳储量[J]. 应用生态学报，24（10）：2755-2762.

魏晓华，郑吉，刘国华，等，2015. 人工林碳汇潜力新概念及应用[J]. 生态学报，35（12）：3881-3885.

魏远，张旭东，江泽平，等，2010. 湖南岳阳地区杨树人工林生态系统净碳交换季节动态研究[J]. 林业科学研究，23（5）：656-665.

温达志，魏平，孔国辉，等，1999. 鼎湖山南亚热带森林细根生产力与周转[J]. 植物生态学报，23（4）：361-369.

吴建国，张小全，徐德应，2004. 土地利用变化对土壤有机碳储量的影响[J]. 应用生态学报，15（4）：593-599.

吴建平，刘占锋，2013. 森林净生态系统生产力及其生物影响因子研究进展[J]. 生态环境学报，22（3）：535-540.

吴庆标，王效科，段晓男，等，2008. 中国森林生态系统植被固碳现状和潜力[J]. 生态学报，28（2）：517-524.

吴荣镇，权志诚，1985. 新疆伊犁地区土壤[M]. 伊宁：伊犁地区土壤普查办公室.

肖复明，范少辉，汪思龙，等，2010. 毛竹和杉木人工林生态系统碳平衡估算[J]. 林业科学，46（11）：59-65.

邢玮，戚维隆，赵倩，等，2015. 江苏杨树人工林碳储量分析研究[J]. 江苏林业科技，42（2）：15-18.

燕辉，苏印泉，朱昱燕，等，2009. 秦岭北坡杨树人工林细根分布与土壤特性的关系[J]. 南京林业大学学报（自然科学版），33（2）：85-89.

闫小莉，戴腾飞，贾黎明，等，2015. 欧美 108 杨细根形态及垂直分布对水氮耦合措施的响应[J]. 植物生态学报，39（8）：825-837.

杨金艳，王传宽，2006. 东北东部森林生态系统土壤呼吸组分的分离量化[J]. 生态学报，26（6）：1640-1647.

杨景成，韩兴国，黄建辉，2003. 土地利用变化对陆地生态系统碳储量的影响[J]. 应用生态学报，14（8）：1385-1390.

杨玉姣，陈云明，曹扬，2014. 黄土丘陵区油松人工林生态系统碳密度及其分配[J]. 生态学报，34（8）：2128-2136.

杨玉盛，陈光水，王小国，等，2005. 皆伐对杉木人工林土壤呼吸的影响[J]. 土壤学报，42（4）：584-590.

杨玉盛，陈光水，王义祥，等，2007. 格氏栲人工林和杉木人工林碳吸存与碳平衡[J]. 林业科学，43（3）：113-117.

易志刚，蚁伟民，周丽霞，2003. 土壤各组分呼吸区分方法研究进展[J]. 生态学杂志，22（2）：65-69.

于贵瑞，方华军，伏玉玲，等，2011. 区域尺度陆地生态系统碳收支及其循环过程研究进展[J]. 生态学报，31（19）：5449-5459.

于水强，王静波，郝倩葳，等，2020. 四种不同生活型树种细根寿命及影响因素[J]. 生态学报，40（9）：3040-3047.

曾伟生，陈新云，杨学云，2019. 我国人工杨树生物量建模和生产力分析[J]. 林业科学，55（11）：1-8.

翟明普，蒋三乃，贾黎明，2002. 沙地杨树刺槐混交林细根动态[J]. 北京林业大学学报，24（5-6）：39-44.

翟盘茂，余荣，周佰铨，等，2017. 1.5℃增暖对全球和区域影响的研究进展[J]. 气候变化研究进展，13（5）：465-472.

张春华，居为民，王登杰，等，2018. 2004—2013 年山东省森林碳储量及其碳汇经济价值[J]. 生态学报，38（5）：1739-1749.

张金波，宋长春，杨文燕，2005. 不同土地利用下土壤呼吸温度敏感性差异及影响因素分析[J]. 环境科学学报，25（11）：1537-1542.

张弥，温学发，张雷明，等，2018. 极端高温对亚热带人工针叶林净碳吸收影响的多时间尺度分析[J]. 应用生态学报，29（2）：421-432.

张群，范少辉，刘广路，等，2008. 长江滩地 I-72 杨人工林生物量和生产力研究[J]. 林业科学研究，21（4）：542-547.

张小全，吴可红，2001. 森林细根生产和周转研究[J]. 林业科学，37（3）：126-138.

张小全，武曙红，何英，等，2005. 森林、林业活动与温室气体的减排增汇[J]. 林业科学，41（6）：150-156.

张新平，王襄平，朱彪，等，2008. 我国东北主要森林类型的凋落物产量及其影响因素[J]. 植物生态学报，32（5）：1031-1040.

赵苗苗，赵娜，刘羽，等，2019. 森林碳计量方法研究进展[J]. 生态学报，39（11）：3797-3807.

赵天锡，陈章水，1994. 中国杨树集约栽培[M]. 北京：中国科学技术出版社，635-639.

中国科学院新疆综合考察队，1978. 新疆植被 [M]. 北京：科学出版社：14-240.

中国气象局，2019. 2018 年中国气候公报[R]. http://www.cma.gov.cn/root7/auto131.

中国气象局，2019. 中国气候变化蓝皮书（2019）[M]. 北京：气象出版社：5-20.

周广胜，王玉辉，蒋延玲，等，2002. 陆地生态系统类型转变与碳循环[J]. 植物生态学报，26（2）：250-254.

周广胜，贾丙瑞，韩广轩，等，2008. 土壤呼吸作用普适性评估模型构建的设想[J]. 中国科学 C 辑，38（3）：293-302.

周国逸，周存宇，Liu SG，等，2005. 季风常绿阔叶林恢复演替系列地下碳平衡及累积速度[J]. 中国科学 D 缉，35（6）：502-510.

周莉，李保国，周广胜，2005. 土壤有机碳的主导影响因子及其研究进展[J]. 地球科学进展，20（1）：99-105.

周庆，欧晓昆，张志明，2007. 地下生态系统对生态恢复的影响[J]. 生态学杂志，26（9）：1445-1453.

周涛，史培军，2006. 土地利用变化对中国土壤碳储量变化的间接影响[J]. 地球科学进展，2：138-143.

周玉荣，于振良，赵士洞，2000. 我国主要森林生态系统碳储量和碳平衡[J]. 植物生态学报，24（5）：518-522.

朱强根，张焕朝，方升佐，等，2008. 苏北杨树人工林细根分布及其季节动态[J]. 世界林业科技，22（3）：45-48

Al-Kaisi MM, Yin X, 2005. Tillage and crop residue effects on soil carbon and carbon dioxide emission in corn-soybean rotations [J]. Journal of Environmental Quality, 34: 437-445.

Arain MA, Natalia RC, 2005. Net ecosystem production in a temperate pine plantation in southeastern Canada [J]. Agricultural and Forest Meteorology, 128: 223-241.

Arevalo CBM, Bhatti JS, Chang SX, et al, 2010. Soil respiration in different land use systems in north central Alberta, Canada [J]. Journal of Geophysical Research, 115:G01003.

Arevalo CBM, Bhatti JS, Chang SX, et al, 2011. Land use change effects on ecosystem carbon balance: from agricultural to hybrid poplar plantation [J]. Agriculture Ecosystem & Environment, 141 (3-4) : 342-349.

Batjes NH, 1998. Mitigation of atmospheric CO_2 concentrations by increased carbon sequestration in the soil [J]. Biology and Fertility Soils, 27: 230-235.

Black KE, Harbon CG, Franklin M, et al, 1998. Differences in root longevity of some tree species [J]. Tree Physiology, 18: 259-264

Black TA, Harden JW, 1995. Effect of timber harvest on soil carbon storage at Blodgett experimental forest, California [J]. Canadian Journal of Forest Research, 25: 1385-1396.

Block RMA, Van Rees KCJ, Knight JD, 2006. A review of fine root dynamics in *Populus* plantations [J]. Agroforest System, 67:73-84.

Bolin B, Sukumar R, 2000. Global perspective [M] // Watson RT et al. Land Use, Land Use Change and Forestry. Cambriage: Cambriage University Press: 23-51.

Bond-Lamberty B, Wang CK, Gower ST, 2004. A global relationship between the heterotrophic and autotrophic components of soil respiration [J]? Global Change Biology, 10: 1756-1766.

Bond-Lamberty B, Wang CK, Gower ST, 2004. The contribution of root respiration to soil surface CO_2 flux in a boreal black spruce chronosequence [J]. Tree Physiology, 22: 993-1001.

Bond-Lamberty B, Bailey VL, Chen M, et al, 2018. Globally rising soil heterotrophic respiration over recent decades [J]. Nature, 560: 80-83.

Boone RD, Nadelhoffer KJ, Canary JD, et al, 1998. Roots exert a strong influence on the temperature sensitivity of soil respiration [J]. Nature, 396: 570-572.

Borken W, Muhs A, Beese F, 2002. Application of compost in spruce forests: effects on soil respiration, basal respiration and microbial biomass [J]. Forest Ecology and Management, 159: 49-58.

Bouillet JP, Laclau JP, Arnaud M, 2002. Changes with age in the spatial distribution of roots of *Eucalyptus* clone in Congo [J]. Forest Ecology and Management, 171: 43-57.

Bouma TJ, Yanai RD, Elkin AD, 2001. Estimating age-dependent costs and benefits of roots with contrasting life span: comparing apples and oranges [J]. New Phytologist, 150: 685-695.

Buchmann N, 2000. Biotic and abiotic factors controlling soil respiration rates in *Picea abies* stands [J]. Soil Biology and Biochemistry, 32: 1625-1635.

Bunnell FL, Tait DEN, Flanagan PW, et al, 1977. Microbial respiration and substrate weight loss. I. A general model of the influence of abiotic variables [J]. Soil Biology and Biochemistry, 9: 33-40.

Burke MK, Raynal DJ, 1994. Fine root growth phenology, production, and turnover in a northern hard wood forest ecosystems [J]. Plant and Soil, 162: 135-146.

Burton AJ, Pregitzer KS, Zogg GP, 1998. Drought reduce root respiration in sugar marple forests [J]. Ecological Application, 8 (3) : 771-778.

Buyx A, Tait J, 2011. Ethical framework for biofuels [J]. Science, 332: 540-541.

Cahill KN, Kucharik CJ, Foley JA, 2009. Prairie restoration and carbon sequestration: difficulties quantifying C sources and sinks using a biometric approach [J]. Ecological Application, 19 (8) : 2185-2201.

Canadell JG, Schulze ED, 2014. Global potential of biospheric carbon management for climate mitigation [J]. Nature Communication, 5: 5282.

Cao MK, Prince SD, Li KR, et al, 2003. Response of terrestrial carbon uptake to climate interannual variability in China [J]. Global Change Biology, 9 (4) : 536-546.

Ceulemans R, Impens I, Steenackers V, 1988. Genetic variation in aspects of leaf growth of *Populus* clones, using the leaf plastochron index [J]. Canadian Journal Forest Research, 18: 1069-1077.

Ceulemans R, Isebrands JG, 1996. Carbon acquisition and allocation [M] // Stettler RF, et al. Biology of *Populus* and its Implications for Management and Conservation. Ottawa: NRC Research Press: 355-399.

Coleman MD, Dickson RE, Isebrands JG, 2000. Contrasting fine-root production, survival and soil CO_2 efflux in pine and poplar plantations [J]. Plant and Soil, 225: 129-139.

Cooper CF, 1983. Carbon storage in managed forests [J]. Canadian Journal Forest Research, 13: 155-166.

Copley J, 2000. Ecology goes underground [J]. Nature, 406: 452-454.

Covington WW, 1981. Changes in forest floor organic matter and nutrient content following clear cutting in northern hardwoods [J]. Ecology, 62: 41-48.

Coyle DR, Coleman MD, 2005. Forest production responses to irrigation and fertilization are not explained by shifts in allocation [J]. Forest Ecology and Management, 208: 137-152.

Crowther TW, Todd-Brown KEO, Rowe CW, et al, 2016. Quantifying global soil carbon losses in response to warming [J]. Nature, 540: 104-108.

Curtin D, Wang H, Sellers F, et al. 2000. Tillage effects on carbon dioxide fluxes in continuous wheat and fallow rotations [J]. Soil Science Society of America Journal, 64: 2080-2086.

Dai EF, Wu Z, Ge QS, et al, 2016. Predicting the responses of forest distribution and aboveground biomass to climate change under RCPs scenarios in southern China [J]. Global Change Biology, 22: 3642-3661.

Dao TH, 1998. Tillage and crop residue effects on carbon dioxide evolution and carbon storage in a Paleustoll [J]. Soil Science Society of America Journal, 62: 250-256.

Davidson EA, Belk E, Boone RD, 1998. Soil water content and temperature as independent or confounded factors controlling soil respiration in a temperate mixed hardwood forest [J]. Global Change Biology, 4: 217-227.

Davidson EA, Savage K, Bolstad P, 2002. Belowground carbon allocation in forests estimated from litterfall and IRGA-based soil respiration measurements [J]. Agricultural and Forest Meteorology, 113: 39-51.

Deng L, Liu GB, Shangguan ZP, 2014. Land use conversion and changing soil carbon stocks in China's 'Grain-for-Green' Program: a synthesis [J]. Global Change Biology, 20, 3544–3556.

Dickman DI, Pregitzer KS, 1992. The structure and dynamics of woody plant root systems [M]. // Mitchell CP, et al. Ecophysiology of Short Rotation Forest Crops. London: Elsevier: 95-123.

Dickman DI, Nguyen PV, Pregitzer KS, 1996. Effects of irrigation and coppicing on above-ground growth, physiology, and fine-root dynamics of two field-grown hybrid poplar clones [J]. Forest Ecology and Management, 80: 163-174.

Dickman DI, 2006. Silviculture and biology of short-rotation woody crops in temperature regions: then and now [J]. Biomass and Bioenergy, 30: 696-705.

Dillen SY, Djomo SN, Al Afas N, et al, 2013. Biomass yield and energy balance of a short-rotation poplar coppice with multiple clones on degraded land during 16 years [J]. Biomass and Bioenergy, 56: 157-165.

Dixon RK, Brown S, Houghton RA, et al, 1994. Carbon pools and fluxes of global forest ecosystems [J]. Science, 263: 185-190.

Doran JW, 1980. Soil microbial and biochemical changes associated with reduced tillage [J]. Soil Science Society of America Journal, 44: 765-771.

Edwards NT, Harris WF, 1977. Carbon in a mixed deciduous forest floor [J]. Ecology, 58: 431-437.

Eissenstat DM, Wells CE, Yanai RD, et al, 2000. Building roots in a changing environment: implications for root longevity [J]. New Phytologist, 147: 33-42.

Elliott ET, 1986. Aggregate structure and carbon, nitrogen, and phosphorus in native and cultivated soils [J]. Soil Science Society of America Journal, 50: 627-633.

Epron D, LeDantec V, Dufrene E, et al, 2001. Seasonal dynamics of soil carbon dioxide efflux and simulated rhizosphere respiration in a beech forest [J]. Tree Physiology, 21: 145-152.

Epron D, Nouvellon Y, Roupsard O, et al, 2004. Spatial and temporal variations of soil respiration in a *Eucalyptus* plantation in Congo [J]. Forest Ecology and Management, 202: 149-160.

Ewel KC, Cropper WP, 1987. Soil CO_2 evolution in Florida slash pine plantation 1. Changes through time [J]. Canadian Journal of Forest Research, 17: 325-329.

Fabiao A, Madeira M, Steen E, et al, 1995. Development of root biomass in an *Eucalyptus globulus* plantation under different water and nutrient regimes [J]. Plant and Soil, 168: 215-223.

Fan S, Gloor M, Mahlman J, et al, 1998. A large terrestrial carbon sink in North America implied by atmospheric and oceanic carbon dioxide data and models [J]. Science, 282: 442-446.

Fang C, Moncrieff JB, Gholz HL, et al, 1998. Soil CO_2 efflux and its spatial variation in a Florida slash pine plantation [J]. Plant and Soil, 205: 135-146.

Fang C, Moncrieff JB, 2001. The dependence of soil CO_2 efflux on temperature [J]. Soil Biology and Biochemistry, 33: 155-165.

Fang JY, Chen AP, Peng CH, et al, 2001. Changes in forest biomass carbon storage in China between 1949 and 1998 [J]. Science, 292: 2320-2322.

Fang JY, Yu GR, Liu LL, et al, 2018. Climate change, human impacts, and carbon sequestration in China [J]. Proceedings of the National Academy of Sciences, 115: 4015-4020.

Fang SZ, Xue JH, Tang LZ, 2007. Biomass production and carbon sequestration potential in poplar plantations with different management patterns [J]. Journal of Environmental Management, 85: 672-679.

Fontaine S, Barot S, Barre P, et al, 2007. Stability of organic carbon in deep soil layers controlled by fresh carbon supply [J]. Nature, 450: 277-281.

Food and Agriculture Organization (FAO), 2000-2003. Global Forest Resources Assessment [R]. Rome, Italy.

Food and Agriculture Organization (FAO), 2015. Global forest resources assessment 2015[R]. Rome, Italy.

Forbes PJ, Black KE, Hooker JE, 1997. Temperature-induced alteration to root longevity in *Lolium perenne* [J]. Plant and Soil, 190: 87-90.

Fortin MC, Rochette P, Pattey E, 1996. Soil carbon dioxide fluxes from conventional and no-till small-grain cropping systems [J]. Soil Science Society of America Journal, 60: 1541-1547.

Freijer JI, Bouten W, 1991. A comparison of field methods for measuring soil carbon dioxide evolution: experiments and simulation [J]. Plant and Soil, 135: 133-142.

Friend AL, Scarascia-Mugnozza G, Isebrands JG, et al, 1991. Quantification of two-year-old hybrid poplar root systems: morphology, biomass, and ^{14}C distribution [J]. Tree Physiology, 8: 109-119.

Gallardo A, Schlesinger WH, 1994. Factors limiting microbial biomass in the mineral soil and forest floor of a warm-temperate forest [J]. Soil Biology and Biochemistry, 26: 1409-1415.

Gansert D, 1994. Root respiration and its importance for the carbon balance of beech saplings (*Fagus sylvatica* L.) in a montane beech forest [J]. Plant and Soil, 167: 109-119.

Gaumont-Guay D, Black TA, Griffis TJ, et al, 2006. Interpreting the dependence of soil respiration on soil temperature and water content in a boreal aspen stand [J]. Agricultural and Forest Meteorology, 140: 220-235.

Gielen B, Calfapietra C, Lukac M, et al, 2005. Net carbon storage in a poplar plantation (POPFACE) after three years of free-air CO_2 enrichment [J]. Tree Physiology, 25 (11) : 1399-1408.

Gill RA, Jackson RB, 2000. Global patterns of root turnover for terrestrial ecosystems [J]. New Phytologist, 147: 13-31.

Global Carbon Project (GCP) , 2017. Global Carbon Budget 2017 [R]. Climate Change Conference in Bonn, Germany.

Gordon AM, Schlenter RE, Van CK, 1987. Seasonal patterns of soil respiration and CO_2 evolution following harvesting in the white spruce forests of interior Alaska [J]. Canadian Journal Forest Research, 17: 304-310.

Gower ST, Krankina O, Olson RJ, et al, 2001. Net primary production and carbon allocation patterns of boreal forest ecosystems [J]. Ecological Application, 11: 1395-1411.

Grace J, Rayment M, 1999. Respiration in the balance [J]. Nature, 404: 819-820.

Green DS, Kruger EL, Stanosz GR, et al, 2001. Light-use efficiency of native and hybrid poplar genotypes at high levels of intra-canopy competition [J]. Canadian Journal Forest Research, 31: 1030-1037.

Grigal DF, Berguson WE, 1998. Soil carbon changes associated with short-rotation systems [J]. Biomass and Bioenergy, 14: 371-377.

Grunzweig JM, Lin T, Rotenberg E, et al, 2003. Carbon sequestration in arid-land forest [J]. Global Change Biology, 9: 91-99.

Gu FX, Cao MK, Yu GR, et al, 2007. Modeling carbon exchange in different forest ecosystems by CEVSA model: comparison with eddy covariance measurements [J]. Advances in Earth Science, 22 (3) : 223-234.

Guo LB, Gifford RM, 2002. Soil carbon stocks and land use change: a meta analysis [J]. Global Change Biology, 8: 345-360.

Hagen-Thorn A, Callesen I, Armolaitis K, et al, 2004. The impact of six European tree species on the chemistry of mineral topsoil in forest plantations on former agricultural land [J]. Forest Ecology and Management, 195: 373-384.

Hamilton JG, Delucia EH, George K, et al, 2002. Forest carbon balance under elevated CO_2 [J]. Oecologia, 131: 250-260.

Han GX, Zhou GS, Xu ZZ, et al, 2007. Soil temperature and biotic factors drive the seasonal variation of soil respiration in a maize (*Zea mays* L.) agricultural ecosystem [J]. Plant and Soil, 291: 15-26.

Hansen EA, 1993. Soil carbon sequestration beneath hybrid poplar plantations in the North Central United States [J]. Biomass and Bioenergy, 5 (6) : 431-436.

Hanson PJ, Edwards NT, Garten CT, et al, 2000. Separating root and soil microbial contribution to soil respiration: a review of methods and observations [J]. Biogeochemistry, 48:115-146.

Harrison AF, Howard PJA, Howard DM, et al, 1995. Carbon storage in forest soils [J]. Forestry, 68: 335-348.

Hawes M, 2018. Planting carbon storage [J]. Nature Climatic Change, 8: 556-558.

Haynes BE, Gower ST, 1995. Belowground carbon allocation in unfertilized and fertilized red pine plantations in northern Wisconsin [J]. Tree Physiology, 15: 317-325.

He NP, Wen D, Zhu JX, et al, 2017. Vegetation carbon sequestration in Chinese forests from 2010 to 2050 [J]. Global Change Biology, 23:1575-1584.

Heilman PE, Ekuan G, Fogle D, 1994. Above-and below-ground biomass and fine roots of 4-year-old hybrids of *Populus trichocarpa* × *Populus deltoides* and parental species in short-rotation culture [J]. Canadian Journal Forest Research, 24: 1186-1192.

Hendrick RL, Pregitzer KS, 1992. The demography of fine roots in a northern hardwood forest [J]. Ecology, 73: 1094-1104.

Hendricks JJ, Nadelhoffer KJ, Aber JD, 1993. Assessing the role of fine roots in carbon and nitrogen cycling [J]. Trends in Ecology & Evolution, 8: 174-178.

Hibbard KA, Law BE, Reichstein M, 2005. An analysis of soil respiration across northern hemisphere temperate ecosystems [J]. Biogeochemistry, 73: 29-70.

Högberg P, Nordgren A, Buchmann N, et al, 2001. Large-scale forest girdling shows that current photosynthesis drives soil respiration [J]. Nature, 411: 789-792.

Houghton RA, 1996. Converting terrestrial ecosystems from sources to sinks of carbon [J]. Ambio, 25: 267-272.

Houghton RA, Nassikas AA, 2017. Global and regional fluxes of carbon from land use and land cover change 1850-2015 [J]. Global Biogeochemical Cycles, 31, 456-472.

Houghton RA, 2020. Terrestrial fluxes of carbon in GCP carbon budgets [J]. Global Change Biology, 26: 3006-3014.

House J, Prentice IC, Quere C, 2002. Maximum impact of future reforestation or deforestation on atmospheric CO_2 [J]. Global Change Biology, 8: 1047-1052.

Howard DM, Howard PJA, 1993. Relationships between CO_2 evolution, moisture content and temperature for a range of soil types [J]. Soil Biology and Biochemistry, 25: 1537-1546.

Hu H, Yang Y, Fang J, 2016. Toward accurate accounting of ecosystem carbon stock in China's forests [J]. Science Bulletin, 61:1888-1889.

Hudgens E, Yavitt JB, 1997. Land-use effects on soil methane and carbon dioxide fluxes in forests near Ithaca, New York [J]. Ecoscience, 4: 214-222.

IPCC, 2003. Good practice guidance for land use, land-use change and forestry [R]. Institute for Global Environmental Strategies, Kanagawa, Japan.

IPCC, 2013. Climate Change 2013: The physical science basis [M]. // Stocker T, et al. Contribution of Working Group I to the Fifth Assessment Report of the Intergovernmental Panel on Climate Change. Cambridge: Cambridge University Press: 33-115.

Ishihara MI, Utsugi H, Tanouchi H, et al, 2015. Efficacy of generic allometric equations for estimating biomass: a test in Japanese natural forests [J]. Ecological Application, 25 (5) : 1433-1446.

Jabro JD, Sainju U, Stevens WB, et al, 2008. Carbon dioxide flux as affected by tillage and irrigation in soil converted from perennial forages to annual crops [J]. Journal of Environmental Management, 88: 1478-1484.

Jackson RB, Canadell J, Ebleringer JR, et al, 1996. A global analysis of root distributions for terrestrial biomes [J]. Oecologia, 108: 389-411.

Jandl R, Lindner M, Vesterdal L, et al, 2007. How strongly can forest management influence soil carbon sequestration?[J]. Geoderma, 137: 253-268.

Jenkinson DS, Adaros DE, Wild A, 1991. Model estimates of CO_2 emission from soil in response to global warming [J]. Nature, 351: 304-305.

Jia BR, Zhou GS, Wang FY, et al, 2006. Partitioning root and microbial contributions to soil respiration in *Leymus chinensis* populations [J]. Soil Biology and Biochemistry, 38: 653-660.

Johnson DW, Curtis PS, 2001. Effects of forest management on soil C and N storage: meta analysis [J]. Forest Ecology and Management, 140: 227-238.

Joshi M, Bargali K, Bargali SS, 1997. Changes in physico-chemical properties and metabolic activity of soil in poplar plantations replacing natural broad-leaved forests in Kumaun Himalaya [J]. Journal of Arid Environment, 35: 161-169.

Jung M, Reichstein M, Schwalm CR, et al, 2017. Compensatory water effects link yearly global land CO_2 sink changes to temperature [J]. Nature, 541: 516-520.

Kang S, Doh S, Lee DS, et al, 2003. Topographic and climatic controls on soil respiration in six temperate mixed-hardwood forest slopes, Korea [J]. Global Change Biology, 9: 1427-1437.

Karacic A, Weih M, 2006. Variation in growth and resource utilisation among eight poplar clones grown under different irrigation and fertilisation regimes in Sweden [J]. Biomass and Bioenergy, 30: 115-124.

Keenan TF, Gray J, Friedl MA, et al, 2014. Net carbon uptake has increased through warming-induced changes in temperate forest phenology [J]. Nature Climate Change, 4: 598-604.

Keith H, Jacobsen KL, Raison RJ, 1997. Effects of soil phosphorus availability, temperature and moisture on soil respiration in *Eucalyptus pauciflora* forest [J]. Plant and Soil, 190: 127-141.

Kelting DL, Burger JA, Edwards GS, 1998. Estimating root respiration, microbial respiration in the rhizosphere, and root free soil respiration in forest soils [J]. Soil Biology and Biochemistry, 30: 961-968.

Khomik M, Arain MA, McCaughey JH, 2006. Temporal and spatial variability of soil respiration in a boreal mixed wood forest [J]. Agricultural and Forest Meteorology, 140: 244-256.

King JS, Pregitzer KS, Zak DR, 1999. Clonal variation in above- and below-ground growth responses of *Populus tremuloides* Michaux: influence of soil warming and nutrient availability [J]. Plant and Soil, 217: 119-130.

Kirschbaum MUF, 2006. The temperature dependence of organic-matter decomposition – still a topic of debate [J]. Soil Biology and Biochemistry, 38: 2510-2518.

Klopatek JM, 2002. Belowground C pools and processes in different age stands of Douglas-fir [J]. Tree Physiology, 22: 197-204.

Kochsiek A, Tan S, Russo SE, 2013. Fine root dynamics in relation to nutrients in oligotrophic Bornean rain forest soils [J]. Plant Ecology, 214: 869-882.

Laclau P, 2003. Biomass and carbon sequestration of ponderosa pine plantations and native cypress forests in northwest Patagonia [J]. Forest Ecology and Management, 180: 317-333.

Lal R, 2004. Offsetting china's CO_2 emissions by soil carbon sequestration [J]. Climatic Change, 65:263–275.

Lal R, 2005. Forest soils and carbon sequestration [J]. Forest Ecology and Management, 220: 242-258.

Lamade E, Djegui N, Leterme P, 1996. Estimation of carbon allocation to the roots from soil respiration measurements of oil palm [J]. Plant and Soil, 181: 329-339.

Lambers H, Stulen I, Werf A, 1996. Carbon use in root respiration as affected by elevated atmospheric CO_2 [J]. Plant and Soil, 187: 251-263.

Laureysens I, Bogaert J, Blust R, et al, 2004. Biomass production of 17 poplar clones in a short-rotation coppice culture on a waste disposal site and its relation to soil characteristics [J]. Forest Ecology and Management, 187: 295-309.

Lawrence WT, Oechel WC, 1983. Effects of soil temperature on the carbon exchange of taiga seedlings. I. Root respiration [J]. Canadian Journal Forest Research, 13: 840-849.

Lee KH, Jose S, 2003. Soil respiration, fine root production, and microbial biomass in cottonwood and loblolly pine plantations along a nitrogen fertilization gradient [J]. Forest Ecology and Management, 185: 263-273.

Lee MS, Nakane K, Nakatsubo T, et al, 2003. Seasonal changes in the contribution of root respiration to total soil respiration in a cool-temperate deciduous forest [J]. Plant and Soil, 255: 311-318.

Lee MS, Nakane K, Nakatsubo T, 2005. The importance of root respiration in annual soil carbon fluxes in a cool-temperate deciduous forest [J]. Agricultural and Forest Meteorology, 134: 95-101.

Li BG, Gasser T, Ciais P, et al, 2016. The contribution of China's emissions to global climate forcing [J]. Nature, 531: 357-361.

Liang WJ, Hu HQ, Liu FJ, et al, 2006. Research advance of biomass and carbon storage of poplar in China [J]. Journal of Forest Research, 17 (1) : 75-79.

Lindner M, Green T, Woodall CW, et al, 2008. Impacts of forest ecosystem management on greenhouse gas budgets [J]. Forest Ecology and Management, 256: 191-193.

Liski J, Pussinen A, Pingoud K, et al, 2001. Which rotation length is favourable to carbon sequestration [J]? Canadian Journal Forest Research, 31: 2004-2013.

Liu Y, Lei PF, Xiang WH, et al, 2017. Accumulation of soil organic C and N in planted forests fostered by tree species mixture [J]. Biogeosciences, 14 (17) : 3937-3945.

Lodhiyal LS, Singh RP, Singh SP, 1995. Structure and function of an age series of poplar plantations in central Himalaya. I. Dry matter dynamics [J]. Annual of Botany, 76: 191-199.

Lu F, Hu HF, Sun WJ, et al, 2018. Effects of national ecological restoration projects on carbon sequestration in China from 2001 to 2010 [J]. Proceedings of the National Academy of Sciences, 115: 4039-4044.

Lytle DE, Cronan CS, 1998. Comparative soil CO_2 evolution, litter decay, and root dynamics in clear-cut and un-cut spruce-fir forest [J]. Forest Ecology and Management, 103: 121-128.

Machmuller MB, Kramer MG, Cyle TK, et al, 2015. Emerging land use practices rapidly increase soil organic matter [J]. Nature Communication, 6: 6995.

Maier CA, Kress LW, 2000. Soil CO_2 evolution and root respiration in 11 year-old loblolly pine (*Pinus taeda*) plantations as affected by moisture and nutrient availability [J]. Canadian Journal Forest Research, 30 (3) : 347-359.

McCarthy DR, Brown KJ, 2006. Soil respiration responses to topography, canopy cover, and prescribed burning in an oak-hickory forest in southeastern Ohio [J]. Forest Ecology and Management, 237: 94-102.

McClaugherty CA, Aber JD, 1982. The role of fine roots in the organic matter and nitrogen budgets of two forested ecosystems [J]. Ecology, 63 (5) : 1481-1490.

McMichale BL, Burke JJ, 1998. Soil temperature and root growth. Hortscience, 33: 947-951.

Meinen C, Hertel D, Leuschner C, 2009. Biomass and morphology of fine roots in temperate broad-leaved forests differing in tree species diversity: is there evidence of below-ground overyielding?[J]. Oecologia, 161 (1) : 99-111.

Michael AB, Dan B, 1998. Changes in soil carbon following afforestation in Hawaii [J]. Ecology, 79 (3) : 828-833.

Misra RK, Gibbons AK, 1996. Growth and morphology of eucalypt seedling roots in relation to soil strength arising from compaction [J]. Plant and Soil, 188: 1-11.

Monclus R, Dreyer E, Villar M, et al, 2006. Impact of drought on productivity and water use efficiency in 29 genotypes of *Populus deltoids* × *Populus nigra* [J]. New Phytologist, 169: 765-777.

Moncrieff JB, Fang C, 1999. A model for soil CO_2 production and transport: application to a Florida *Pinus elliottii* plantation [J]. Agricultural and Forest Meteorology, 95: 237-256.

Myeong HY, Seung JJ, Katsuyuki S, 2003. Spatial variability of soil respiration in a larch plantation: estimation of the number of sampling points required [J]. Forest Ecology and Management, 175: 585-588

Nakane K, Kohno T, Horikoshi T, 1996 Root respiration rate before and just after clear-felling in a mature, deciduous, broad-leaved forest [J]. Ecological Research, 11: 111-119.

Nelson DW, Sommers LE, 1982. Total carbon, organic carbon and organic matter [M] // Page

AL, et al. Methods of Soil Analysis. Madison: American Society of Agronomy: 539-579.

Nilsen P, Strand LT, 2008. Thinning intensity effects on carbon and nitrogen stores and fluxes in a Norway spruce (*Picea abies* L.) stand after 33 years [J]. Forest Ecology and Management, 256: 201-208.

Norby RJ, Jackson RB, 2000. Root dynamics and global change: seeking an ecosystem perspective [J]. New Phytologist, 147: 3-12.

Ohashi M, Gyokusen K, Saito A, 2000. Contribution of root respiration to total soil respiration in a Japanese cedar (*Cryptomeria japonica* D.) artificial forest [J]. Ecological Research, 15: 323-333.

Ohashi M, Gyokusen K, 2007. Temporal change in spatial variability of soil respiration on a slope of Japanese cedar (*Cryptomeria japonica* D.) forest [J]. Soil Biology and Biochemistry, 39: 1130-1138.

Oliver GR, Pearce SH, Kimberly MO, et al, 2004. Variation in soil carbon in pine plantations and implications for monitoring soil carbon stocks in relation to land-use change and forest site management in New Zealand [J]. Forest Ecology and Management, 203: 283-295.

Olson JS, 1963. Energy storage and the balance of producer and decomposers in ecological systems [J]. Ecology, 44: 322-331.

Oostra S, Majdi H, Olsson M, 2006. Impact of tree species on soil carbon stocks and soil acidity in southern Sweden [J]. Scandian Journal of Forest Research, V21: 364-371.

Oren R, Ellsworth DS, Johnsen KH, et al, 2001. Soil fertility limits carbon sequestration by forest ecosystems in a CO_2 enriched atmosphere [J]. Nature, 411: 469-472.

Pan YD, Luo TX, Birdsey R, et al, 2004. New estimates of carbon storage and sequestration in China's forests: effects of age-class and method on inventory-based carbon estimation [J]. Climatic Change, 67: 211-236.

Pan YD, Birdsey RA, Fang JY, et al, 2011. A large and persistent carbon sink in the world's forests [J]. Science, 333: 988-993.

Pangle RE, Seiler JR, 2002. Influence of seedling roots, environmental factors and soil characteristics on soil CO_2 efflux rates in a 2-year-old loblolly pine (*Pinus taeda* L.) plantation on the Virginia Piedmont [J]. Environmental Pollution, 116: B85-B96.

Parmar K, Keith AM, Rowe RL, et al, 2015. Bioenergy driven land use change impacts on soil greenhouse gas regulation under Short Rotation Forestry [J]. Biomass and Bioenergy, 82: 40-48.

Paul KI, Polglase PJ, Nyakuengama JG, et al, 2002. Change in soil carbon following afforestation [J]. Forest Ecology and Management, 168: 241-257.

Peichl MM, Arain A, 2006. Above- and belowground ecosystem biomass and carbon pools in an age-sequence of temperate pine plantation forests [J]. Agricultural and Forest Meteorology, 140: 51-63

Peltoniemi M, Mäkipää R, Liski J, et al, 2004. Changes in soil carbon with stand age—an evaluation of a modeling method with empirical data [J]. Global Change Biology, 10: 2078-2091.

Persson H, 1978. Root dynamics in a young scots pine stand in central Sweden [J]. Oikos, 30:508-519.

Piao SL, Fang JY, Ciais P, et al, 2009. The carbon balance of terrestrial ecosystems in China [J]. Nature, 458 (7241) : 1009-1013.

Post WM, Kwon KC, 2000. Soil carbon sequestration and land use change: processes and potential [J]. Global Change Biology, 6: 317-327.

Pregitzer KS, Euskirchen ES, 2004. Carbon cycling and storage in world forests: biome patterns related to forest age [J]. Global Change Biology, 10: 2052-2077.

Pregitzer KS, Friend AL, 1996. The structure and function of *Populus* root systems [M]. // Stettler RF, et al. Biology of *Populus* and its Implications for Management and Conservation. Ottawa: NRC Research Press: 331-354.

Pregitzer KS, King JS, Burton AJ, et al, 2000. Responses of tree fine roots to temperature [J]. New Phytologist. 147, 105-115.

Pregitzer KS, Laskowski MJ, Burton AJ, 1998. Variation in sugar maple root respiration with root diameter and soil depth [J]. Tree Physiology, 18: 665-670.

Puri S, Singh V, Bhushan B, et al, 1994. Biomass production and distribution of roots in three stands of *Populus deltoides* [J], Forest Ecology and Management, 65: 135-147.

Puri S, Thompson FB, 2003. Relationship of water to adventitious rooting in stem cuttings of *Populus* species [J]. Agroforest System, 58: 1-9.

Rae AM, Robinson KM, Street NR, et al, 2004. Morphological and physiological traits influencing biomass productivity in short-rotation coppice poplar [J]. Canadian Journal Forest Research, 34 (7) : 1488-1498.

Randerson JT, Chapin FSI, Harden JW, et al, 2002. Net ecosystem production: a comprehensive measure of net carbon accumulation by ecosystems [J]. Ecological Application, 12: 937–947.

Raich JW, Nadelhofer KL, 1989. Belowground carbon allocation in forest ecosystems: global trends [J]. Ecology, 70: 1346-1354.

Raich JW, Bowden RD, Steudler PA, 1990. Comparison of two static chambers techniques for determining carbon dioxide efflux from forest soils [J]. Soil Science Society of America

Journal, 54: 1754-1757

Raich JW, Schlesinger WH, 1992. The global carbon dioxide flux in soil respiration and its relationship to vegetation and climate [J]. Tellus, 44B: 81-99.

Raich JW, Tufekcioglu A, 2000. Vegetation and soil respiration: correlations and controls [J]. Biogeochemistry, 48: 71-90.

Rayment MB, Jarvis PG, 2000. Temporal and spatial variation of soil CO_2 efflux in a Canadian boreal forest [J]. Soil Biology and Biochemistry, 32: 35-45.

Reichstein M, Tenhunen JD, Roupsard O, et al, 2002. Severe drought effects on ecosystem CO_2 and H_2O fluxes in three Mediterranean evergreen ecosystems: revision of current hypothesis? [J]. Global Change Biology, 8: 999-1017.

Rey A, Pegoraro E, Tedeschi V, et al, 2002. Annual variation in soil respiration and its components in a coppice oak forest in Central Italy [J]. Global Change Biology, 8 (9) : 851-866.

Reynolds ERC, 1970. Root distribution and the cause of its spatial variability in *Pseudotsuga taxifolia* [J]. Plant and Soil, 32: 501-517.

Richter DD, Markewitz D, Trumbore SE, et al, 1999. Rapid accumulation and turnover of soil carbon in a re-establishing forest [J]. Nature, 400: 56-58.

Roberts WP, Chan KY, 1990. Tillage-induced increases in carbon dioxide from the soil [J]. Soil & Tillage Research, 17: 143-151.

Rochette P, Ellert B, Gregorich EG, et al, 1997. Description of a dynamic closed chamber for measuring soil respiration and its comparison with other techniques [J]. Canadian Journal of Soil Science, 77 (2) : 195-203.

Rose-Marie R, 2012. The potential of willow and poplar plantations as carbon sinks in Sweden [J]. Biomass and Bioenergy, 36: 86-95.

Ross DJ, Tate KR, Scott NA, et al, 1999. Land-use change: effects on soil carbon, nitrogen and phosphorus in three adjacent ecosystems [J]. Soil Biology and Biochemistry, 31: 803-813.

Rout SK, Gupta SR, 1989. Soil respiration in relation to abiotic factors, forest floor litter, root biomass and litter quality in forest ecosystems of Siwaliks in northern India [J]. Acta Oecologica, 10: 229-244

Ruess RW, Van Cleve K, Yarie J, et al, 1996. Contributions of fine root production and turnover to the carbon and nitrogen cycling in taiga forests of the Alaskan interior [J]. Canadian Journal Forest Research, 26: 1326-1336.

Russell C A, Voroney R P, 1998. Carbon dioxide efflux from the floor of a boreal aspen forest. I. Relationship to environmental variables and estimates of C respired [J]. Canadian Journal of Plant Science, 78: 301-310

Ryan MG, Hubbard RM, Pongracic S, et al, 1996. Foliage, fine-root, woody-tissue and stand respiration in *Pinus radiata* in relation to nitrogen status [J]. Tree Physiology, 16: 333-343.

Ryan MG, Lavigne MG, Gower ST, 1997. Annual carbon cost of autotrophic respiration in boreal forest ecosystems in relation to species and climate [J]. Journal of Geophysical Research, 102: 871-883.

Ryan MG, Binkley D, Fownes JH, et al, 2004. An experimental test of the causes of forest growth decline with stand age [J]. Ecological Monography, 74: 393-414.

Saiz G, Green C, Butterbach-Bahl K, et al, 2006. Seasonal and spatial variability of soil respiration in four Sitka spruce stands [J]. Plant and Soil, 287: 161-176

Sartori F, Lal R, Ebinger MH, et al, 2007. Changes in soil carbon and nutrient pools along a chronosequence of poplar plantations in the Columbia Plateau, Oregon, USA [J]. Agriculture, Ecosystems & Environment, 122: 325-339.

Schimel DS, Braswell BH, Holland EA, et al, 1994. Climatic, edaphic and biotic controls over storage and turnover of carbon in soils [J]. Global Biogeochemical Cycles, 8 (3) : 279-293.

Schlesinger WH, Andrews JA, 2000. Soil respiration and the global carbon cycle [J]. Biogeochemistry, 48: 7-20.

Schulp CJE, Nabuurs GJ, Verburg PH, 2008. Effect of tree species on carbon stocks in forest floor and mineral soil and implications for soil carbon inventories [J]. Forest Ecology and Management, 256: 482-490.

Scott-Denton LE, Sparks KL, Monson RK, 2003. Spatial and temporal controls of soil respiration rate in a high elevation, subalpine forest [J]. Soil Biology and Biochemistry, 35: 525-534.

Scott NA, Tate KR, Ford-Robertson J, et al, 1999. Soil carbon storage in plantation forests and pastures: land-use change implications [J]. Tellus, 51B: 326-335.

Singh JS, Gupta SR, 1977. Plant decomposition and soil respiration in terrestrial ecosystems [J]. Botanical Review, 43: 449-528

Sotte ED, Meir P, Malhi Y, et al, 2004. Soil CO_2 efflux in a tropical forest in the central Amozon [J]. Global Change Biology, 10: 601-617.

Steele SJ, Cower ST, Vogel JG, et al, 1997. Root mass, net primary production and turnover in aspen, jack pine and black spruce forests in Saskatchewan and Manitoba, Canada. Tree Physiology, 17: 577-587

Stoyan H, De-Polli H, Böhm S, et al, 2000. Spatial heterogeneity of soil respiration and related properties at the plant scale [J]. Plant and Soil, 222: 203-214.

Striegl RG, Wickland KP, 1998. Effects of a clear-cut harvest on soil respiration in a jackpine-lichen woodland [J]. Canadian Journal Forest Research, 28: 534-539.

Swamy SL, Mishra A, Puri S, 2006. Comparison of growth, biomass and nutrient distribution in five promising clones of *Populus deltoides* under an agrisilviculture system [J]. Bioresource and Technology, 97: 57-68.

Tanaka K, Hashimoto S, 2006. Plant canopy effects on soil thermal and hydrological properties and soil respiration [J]. Ecological Modelling, 196: 32-44.

Tang JW, Misson L, Gershenson A, 2005. Continuous measurements of soil respiration with and without roots in a ponderosa pine plantation in the Sierra Nevada Mountains [J]. Agricultural and Forest Meteorology, 132: 212-227.

Tao B, Cao MK, Li KR, et al, 2007. Spatial patterns of terrestrial net ecosystem productivity in China during 1981—2000 [J]. Science in China (Series D: Earth Sciences) , 50 (5) :745-753.

Taylor BR, Parkinson D, Parsons WFJ, 1989. Nitrogen and lignin content as predictors of litter decay rates: a microcosm test [J]. Ecology, 70 (1) : 97-104.

Tedeschi V, Reyw A, Manca G, 2006. Soil respiration in a Mediterranean oak forest at different developmental stages after coppicing [J]. Global Change Biology, 12: 110-121.

Teklay T, Chang SX, 2008. Temporal changes in soil carbon and nitrogen storage in a hybrid poplar chronosequence in northern Alberta [J]. Geoderma, 144: 613-619.

Tufekciogla A, Raich JW, Isenhart TM, et al, 1999. Fine root dynamics, coarse root biomass, root distribution and soil respiration in a multispecies riparian buffer in Central Iowa, USA [J]. Agroforestry Systems, 44: 163-174.

Turner J, Lambert M, 2000. Change in organic carbon in forest plantation soils in eastern Australia [J]. Forest Ecology and Management, 133: 231-247.

UNFCCC, 2015. Adoption of the Paris Agreement FCCC/CP/2015/L.9/Rev.1, COP 21.

Vesterdal L, Raulund-Rasmussen K, 1998. Forest floor chemistry under seven tree species along a soil fertility gradient [J]. Canadian Journal Forest Research, 28: 1636-1647.

Vincenta G, Shahriaria AR, Lucota E, et al, 2006. Spatial and seasonal variations in soil respiration in a temperate deciduous forest with fluctuating water table [J]. Soil Biology and Biochemistry, 38: 2527-2535.

Vogt KA, Persson H, 1990. Measuring growth and development of roots [M] // Lassoie JP, Hinckley TM. Techniques and Approaches in Forest Tree Ecophysiology. Boca Raton: CRC Press, 477-501.

Vogt KA, Vogt DJ, Palmiotto PA, et al, 1996. Review of root dynamics in forest ecosystems grouped by climate, climatic forest type and species [J]. Plant and Soil, 187: 159-219.

Wang CK, Yang JY, Zhang QZ, 2006. Soil respiration in six temperate forests in China [J]. Global Change Biology, 12: 2103-2114.

Wang QF, Zheng H, Zhu XJ, et al, 2015. Primary estimation of Chinese terrestrial carbon sequestration during 2001-2010 [J]. Science Bulletin, 60 (6) : 577-590.

Wang SQ, Huang Y, 2020. Determinants of soil organic carbon sequestration and its contribution to ecosystem carbon sinks of planted forests [J]. Global Change Biology, 26 (5) : 3163-3173.

Wang WJ, Dalal RC, Moody PW, et al, 2003. Relationship of soil respiration to microbial biomass, substrate availability and clay content [J]. Soil Biology and Biochemistry, 35: 273-284.

Waterworth RM, Richards GP, 2008. Implementing Australian forest management practices into a full carbon accounting model [J]. Forest Ecology and Management, 255: 2434-2443.

Weber MG, 1990. Forest soil respiration after cutting and burning in immature aspen ecosystems [J]. Forest Ecology and Management, 31: 1-14.

Wiant HV, 1967. Has the contribution of litter decay to forest soil respiration been over-estimated [J]. Journal of Forestry, 65: 408-409.

Wilson JB, 1988. A review of evidence on the control of shoot:root ratio in relation to models [J]. Annual of Botany, 61: 433-449.

Winkler JP, Cherry RS, Schlesinger WH, 1996. The Q_{10} relationship of microbial respiration in a temperate forest soil [J]. Soil Biology and Biochemistry, 28: 1067-1072.

Wiseman PE, Seiler JR, 2004. Soil CO_2 efflux across four age classes of plantation loblolly pine (*Pinus taeda* L.) on the Virginia Piedmont [J]. Forest Ecology and Management, 192: 297-311.

Wofsy SC, Goulden ML, Munger JM, et al, 1993. Net exchange of CO_2 in a mid-latitude forest [J]. Science, 260: 1314-1317.

Woodwell GM, Whittaker RH, Reiners WA, et al, 1978. The biota and the world carbon budget [J]. Science, 199: 141-146.

World Meteorological Organization (WMO) , 2018. WMO Greenhouse Gas Bulletin 2017 [R]. https://public.wmo.int.

Xu M, Qi Y, 2001. Soil surface CO_2 efflux and its spatial and temporal variation in a young ponderosa pine plantation in northern California [J]. Global Change Biology, 7: 667-677.

Yan MF, Guo N, Ren HR, et al, 2015. Autotrophic and heterotrophic respiration of a poplar plantation chronosequence in northwest China [J]. Forest Ecology and Management, 337, 119-125.

Yan MF, Zhou GS, Zhang XS, 2014. Effects of irrigation on the soil CO_2 efflux from different poplar clone plantations in arid northwest China [J]. Plant and soil, 375 (1) : 89-97.

Yan MF, Wang L, Ren HR, et al, 2017. Biomass production and carbon sequestration of a short-rotation forest with different poplar clones in northwest China [J]. Science of Total Environment, 586: 1135-1140.

Yanai RD, Currie WS, Goodale CL, 2003. Soil carbon dynamics after forest harvest: an ecosystem paradigm reconsidered [J]. Ecosystems, 56: 197-212.

Yin C, Duan B, Wang X, et al, 2004. Morphological and physiological responses of two contrasting poplar species to drought stress and exogenous abscisic acid application [J]. Plant Science, 167: 1091-1097.

Yin X, Pery JA, Dixon RK, 1989. Fine-root dynamics and biomass distribution in a *Quercus* ecosystem after harvest [J]. Forest Ecology and Management, 27: 159-177.

Zhang T, Li YF, Chang SX, et al, 2013. Responses of seasonal and diurnal soil CO_2 effluxes to land-use change from paddy fields to Lei bamboo (*Phyllostachys praecox*) stands [J]. Atmosphere Environment, 77 : 856-864.

Zheng ZM, Yu GR, Fu YL, et al, 2009. Temperature sensitivity of soil respiration is affected by prevailing climatic conditions and soil organic carbon content: a trans-China based case study [J]. Soil Biology and Biochemistry, 41: 1531-1540.

Zogg GP, Zak DR, Burton AJ, et al, 1996. Fine root respiration in northern hardwood forests in relation to temperature and nitrogen availability [J]. Tree Physiology, 16: 719-725.